U0011289

The World Café

Shaping Our Futures Through Conversations That Matter

世界咖啡館

用對話找答案、體驗集體創造力，
一本帶動組織學習與個人成長的修練書

華妮塔·布朗 Juanita Brown
大衛·伊薩克 David Isaacs
世界咖啡館社群 World Café Community ——著

高子梅 ——譯

企畫叢書 FP2162Y

世界咖啡館

用對話找答案、體驗集體創造力，一本帶動組織學習與個人成長的修練書

The World Café：Shaping Our Futures Through Conversations That Matter

作　　　者	華妮塔‧布朗(Juanita Brown)、大衛‧伊薩克(David Isaacs)、世界咖啡館社群（World Café Community）
譯　　　者	高子梅
編 輯 總 監	劉麗真
責 任 編 輯	賴昱廷、謝至平
行 銷 企 畫	陳彩玉、薛綸、陳紫晴
封 面 設 計	陳文德

發　行　人　涂玉雲
出　　　版　臉譜出版
　　　　　　城邦文化事業股份有限公司
　　　　　　台北市民生東路二段141號5樓
　　　　　　電話：886-2-25007696　傳真：886-2-25001952
發　　　行　英屬蓋曼群島商家庭傳媒股份有限公司城邦分公司
　　　　　　台北市中山區民生東路141號11樓
　　　　　　客服專線：02-25007718；25007719
　　　　　　24小時傳真專線：02-25001990；25001991
　　　　　　服務時間：週一至週五上午09:30-12:00；下午13:30-17:00
　　　　　　劃撥帳號：19863813　戶名：書虫股份有限公司
　　　　　　讀者服務信箱：service@readingclub.com.tw
　　　　　　城邦網址：http://www.cite.com.tw
香港發行所　城邦（香港）出版集團有限公司
　　　　　　香港灣仔駱克道193號東超商業中心1樓
　　　　　　電話：852-25086231　傳真：852-25789337
馬新發行所　城邦（新、馬）出版集團 Cite（M）Sdn. Bhd.（458372U）
　　　　　　41-3, Jalan Radin Anum, Bandar Baru Sri Petaling,57000 Kuala Lumpur, Malaysia.
　　　　　　電話：+6(03)-90563833　傳真：+6(03)-90576622
　　　　　　電子信箱：services@cite.my
初 版 一 刷　2007年9月
二 版 一 刷　2014年5月
三 版 一 刷　2019年12月

版權所有‧翻印必究（Printed in Taiwan）
ISBN 978-986-235-798-9

定價：380元

（本書如有缺頁、破損、倒裝、請寄回更換）

各方對於《世界咖啡館》的評價指教

＜國內篇＞

理論，或許是把我們模模糊糊所感知的，說得更清晰。《世界咖啡館》即是這樣的一本書！它清晰地呼應了我的一些參與經驗：在聚陽實業的策略形成對話，在輔大心理系的敘說、反映、社會批判與實踐，以及在應用心理研究期刊之對話與回應中。

——輔仁大學心理學系教授　**王思峰**

World Café的世界是個怎樣的世界？您應該好奇！因為它是一個人性、知性、感性、悟性……能輕鬆自在，感受自然醞釀，自然提升的世界；大家在這個世界裡有著美麗的相遇，大家的神經元很容易智慧交差，腦力很容易交流碰出火花；在這個世界，您可以喝到不同領域的咖啡，心領神會，都是那麼浪漫，都是那麼迷人，最重要的是超容易內化而受用的。

——前台北縣板橋市市長　**江惠貞**

在多次營造「世界咖啡館」的對話經驗中，有如孕育新生命一般，溫馨、愉悅、感動、驚奇與感恩。在協助繪製對話的美麗圖像於展示牆時，人們也觀察到自己的智慧精華呈現時的讚嘆，不知不覺中，心情變得柔軟、喜悅、與充滿創意……跨越心中的鴻溝變得如此容易，凝聚彼此的力量自然應運而生。鄭重推薦「世界咖啡館」的神奇，邀你一窺究竟！

——聖塔菲國際管理顧問公司訓練總監　**李孟美**

坐在滿掛標語與海報的會議室，我們於「世界咖啡館」展開對話過去、現在與未來，一張張有趣、美麗又饒富創意的塗鴉自然的流現，隱喻訴說著人事行政局的故事與未來的情境，不經意的觸動了我們深藏的共同覺察，從渾沌中逐漸投射出組織變革的曙光，透過Café的對話，未來的情境有了不一樣的「高度」，展現出開闊的「格局」與「我願意」的熱情，《世界咖啡館》一書描述的現象正如我所經歷的，充滿了不可思議的、不可預測的新的可能，是值得仔細品嚐的好書。

——組織學習協會前理事長　吳三靈

坐在輕鬆的咖啡館裡談話的人們，內心真摯、外表誠懇，專注在關心的事情上，捨棄與目標毫不相干的「佔有」。貢獻自己的故事與主張，與別人連結成更大的世界，那過程是無法預期及掌控的，一如日升日落的安然、鎮定，我們所需的行事智慧，早已蘊藏在熱情與行動中。我們只是需要放鬆與信任，聆聽自己與別人，具有愛，順流而走。

——團隊引導者　林佩倫

凡事端賴眾緣和合。知識與智慧的產生，也在眾人的參與、激盪與融合中更形完美。World Café對話，我想，正是這種力量的展現！

——2006法鼓山青年領袖代表團team leader　果露法師

95學年度期末辦理一場教師的知能研習，邀約全校同仁，參與「世界咖啡館」的體驗活動，這真是一場心靈饗宴，透過活動的設計我們有機會與學生的生命相遇（瞭解學生的成長歷程），找尋成長原動力（協助學生活出生命色彩），創造成長策略（學生問題實務剖析），透過同仁彼此的對話，共同思考蘭州的未來，為日後找到學校出發的「心」動力。世界咖啡館真是一種值得現代人學習分享的溝通模式，透過彼此的對話、匯談、探索、分享的精神，共展創意，共構希望。

——前台北市蘭州國中校長　施台珠

組織學習的核心能力，已由原先之系統思考轉化到對話文明，使世界人類更能進一步相互傾聽、相互包容。經由世界咖啡之活動，使組織產生同時性（Synchronicity）的呈現，令人興奮與驚喜，真正形成共同學習及共同思考的理想情境。對話文明在東方儒學已數千年，由論語的師生相互對話，到大學的個人與宇宙的對話，帶來了今日的文明與進步。有幸參與2005年維也納組織學習年會，親見各國專家四百餘人的精采世界咖啡對話，不分種族不分區域的相互關懷、相互激勵。在此慎重推薦《世界咖啡館》是本好故事書、好工具書，更是本好領導人的修煉書。

——組織學習協會顧問　施鵬程

一九九〇出版的《第五項修練》非常強調「深度匯談」對組織學習的重要性，但是當時的經驗基礎與可參考的理論與實務材料十分有限，《世界咖啡館》有系統呈現這個領域演化至今的可行動知識，一路走來努力促進「對話」的實踐者，入寶山當有似曾相識與相見恨晚之感。

——《第五項修練》譯者　郭進隆

為推動組織學習，我們在「對話領導的世界咖啡館」體驗七個對話歷程，嚴謹但放鬆；知性也感性；濃濃的咖啡香與智慧的芬芳交互迴盪，原來，領導也可以是彼此傾聽的相互牽引。為落實組織學習，我們在「績效提升的世界咖啡館」體驗理想與夢想的距離，分析目標設定實踐的同時，對話更帶領我們進入突破限制的系統思維，思考著阻力與限制能否轉化成為助力與機會？「世界咖啡館」的對話方式能啟動組織內隱的智慧，讓組織學習的種子生根、發芽與茁壯。從共同思考達到見賢思齊，進而潛移默化，是值得深入細究的引導工具書。

——前財政部國有財產署人事室主任　黃秀鈞

孔子說三人行必有我師，參加咖啡桌的對話當然會遇見很多老師。而且不只這樣。第一次參加世界咖啡館匯談是在維也納有三百人，耳朵聽到周圍細細的交談聲，眼光盡是莊重而好奇的表情，不由得感覺到會場每一桌各有其厚重的流轉力量，在共同創造一個流動的整體，也在創造自己，張眼望去整個會場猶如一座星雲，圍繞著一個重大的提問在旋轉。最棒的是，知道自己也是那偉大力量的貢獻者。咖啡館匯談的可愛就是只要懷有初心和尊重，自然可以和大家一起迴旋浮現新智慧和新力量。

——及時雨學習服務團隊　戚正平

真誠對話需要情感的觸動，也需要理性的聚焦。往往這兩者不能兼得，顧此即失彼，但「世界咖啡館」藉著咖啡桌的布置，設定主題，在不同咖啡桌間轉檯對話，使得每位參與者都能盡興的交流，又不流於漫談。每次我在不同咖啡桌聽到不同人的故事，內心都充滿著感動，也深受啟發，通常都會有一種衝動——我們要為這個世界做些什麼？原來在每個人的內心中都有共同的驅動力——關心人、關心生命、關心明天。

——全球華人企業顧問中心董事長　陳生民

World Café給人最大的感動是「我正在改變世界」，每一個參與「世界咖啡館」的人，都能在安全自在的情境裡暢談自我的覺知，品嚐著來自不同視野不同層次智慧的芳香，輕鬆、簡單、流暢的Café對話過程，讓人不經意的熱情起來，隨著眾人自然、真誠的互動，那動人心弦的「我願意」應然流現，每一個自我一點點的隨意筆畫與言語，竟然融成整體「有意識的演化」，好奇妙。想參與創造更美好的世界，這本書是極佳的參考！

——前組織學習協會秘書長　陳於志

動機是任何學習的關鍵，現在學生溫習及複習的時間明顯減少；如何應用有限資源激起學生樂於學習的環境，「世界咖啡館」提供了另一種學習及教學的方法，北台灣技術學院應用外語系的「企業管理」課程經由「世界咖啡館」七個歷程的實踐，使學生們有全然不一樣的學習及經驗，那種自然而樂於學習及參與的能量不斷湧出，每一位學生臉上展現認真及用心聆聽的美，「世界咖啡館」真是喚醒了樂於學習的內在力量，更促進大家可以仔細聆聽彼此的智慧。

——北台灣科學技術學院應用外語系助理教授　陳俊榮

很高興向您推薦《世界咖啡館》這本好書！「世界咖啡館」的架構本身是非常簡單的，但進行的過程卻充滿激情、驚奇與變化，彷彿進入藝術殿堂般，處處呈現著創意與智慧，讓人目不暇給，尤其在溫馨的環境與成員們積極貢獻己力下，每一段真心的交流及真誠的對話，形成了一個緊密的關係網路，並交織成一個堅實的基礎，讓組織極易建立社群關係與團隊共識！

——國森企業人事稽核部經理　陳昱羽

組織面對今日多變的外在環境，透過內部不斷地變革、成長，是永續經營的不二法門。「有品質的對話」確實是組織變革必要的作業平台。台灣默克公司體驗了「世界咖啡館」的力量，在開放、安全、舒適與溫暖的對話環境中，我們放鬆地聆聽，交流彼此的故事與觀點，開創了我們團隊溝通有質感的流程，在內外部皆多變化的環境下埋入新文化的種籽。《世界咖啡館》中文版一書出版，必定嘉惠有心學習成長的組織！

——前台灣默克公司總經理　陳雄慶

透過自在地分享、享受對話的妙處、打開個人的心胸、聯繫彼此的心靈，
世界咖啡館中自由、積極的談話，讓彼此生命搭起一座橋，透過智慧與經
驗的催生，找出生命的真正意義。

──法鼓山法師　**釋常諦**

處於官僚體系之中，要掙脫無所不在的框框，創造更多的可能性，唯有上
位者自己察覺，願意放下身段來成就、維護一個安全溫暖的環境，但這只
是第一步，更重要是讓基層有信心，去恢復「對話」的本能，藉由聆聽自
己、聆聽別人，真正的「對話」才會發生。經過多年的踐行，我深深體會
「對話」的要從自己「內心的對話」開始，而World Café讓我們找到一把
容易進入的鑰匙，得以進入內心的花園。

──審計部台北市審計處人事主任　**陳韻華**

在我們建立社群的過程當中發現，社群的發展及成長是需要接納多元化的
意見及各種不同的看法，World Café 提供我們一個很好的選擇。 World
Café 所營造的情境是溫馨祥和的，能夠讓不同的人感受到是被尊重的、彼
此是真誠的，成員們可以快速的消除心理障礙，在此場域裡暢所欲言、自
由發揮自己的想法，進而積極分享創意、凝聚團隊智慧，讓大家樂在其
中。經過World Café的洗禮，自然產生了圓滿而融合的結果，身歷其境的
我彷彿進入另一個新的境界。

──未來中心社群創辦人　**溫鵬榮**

＜國外篇＞

萬分感謝全球各地夥伴同仁對於本書的評價指教，謝謝他們從不同觀點為讀者點出本書的價值。

即便過了這麼多年，我仍然記得我第一次的世界咖啡館經驗！若是沒有這本創新的著作，我們的「平民咖啡館」根本不可能成功。

夏里夫・阿布度拉（Sharif Abdullah）
大道學會（the Commonway Institute）創辦人及
《創造大同世界》（*Creating a World for All*）一書作者

就我所知，世界咖啡館是分享知識和催生集體智慧的最好方法之一，書中提到幾個簡單原則，能讓你透過對話的力量去改變與會者，甚至改變我們的集體未來。

薇娜・艾莉（Verna Allee）
《知識的演化：擴張組織智慧》（*The Knowledge Evolution: Expanding Organizational Intelligence*）一書作者

我們從書中聽見許多智慧的聲音！願我們能誠心接受他們的邀約，透過真正重要的對話，共同喚起這個世界的良知，找出意義真諦。

湯姆・艾特里（Tom Atlee）
集體智能學會（Co-Intelligence Institute）創辦人及
《民主之道》（*The Tao of Democracy*）一書作者

有能力看見「別的」世界，這句話聽起來好像很簡單，其實不然，但它卻是創造全新人類歷史的核心基礎。世界咖啡館和這本書都具有這類啟示功能，幫忙諦造各種發展可能。

巴拉根（Lic. Esteban Moctezuma Barragan）
墨西哥社會開發部（Social Development）前任部長

一般人都以為靠嘴巴說話很簡單，那只是你不敢付諸行動的替代品而已。
但這本充滿熱情又引人入勝的好書，卻向我們證明對話就是行動，它是人
際關係和互信基礎生生不息的源頭，也是最佳決策據以滋長的根源。

湯瑪斯・畢區（Thomas F. Beech）
費傑學會（Fetzer Institute）總裁兼執行長

在這個速度至上和錯綜棘手的年代裡，領導統御所面臨的挑戰，是找到可
擁抱未來和拋開過去的創意方法。世界咖啡館匯談給了我們這樣的機會。

保羅・玻拉斯基（Paul Borawski）
美國品質學會（American Society for Quality）執行總監兼策略執行長

要徹底瞭解人類組織裡的生命和領導運作模式，就一定得先瞭解世界咖啡
館這個同樣具有生命的社會系統是如何運作的。

卡普拉（Fritjof Capra）
《生命網絡與隱秘的結合》（*The Web of Life and The Hidden Connections*）一書作者

《世界咖啡館》這本書來得正是時候。對於那些想召集團體（包括很大型
的團體）展開對話，並藉由對話來共構希望、共展創意和共許承諾的人來
說，這本書可以提供許多靈感與實用的指南。

蘿拉・加辛（Laura Chasin）
公共對話研究計畫（Public Conversations Project）創辦人及總監

這本書及書中故事，讓我們在面對複雜棘手的挑戰時，看見了解決問題的
曙光，更為家庭與社群關係的強化，提供了最佳良方。它的的確確是一本
傑作，其貢獻有目共睹。

麗塔・可利里（Rita Clearly）
世界願景基金會（Visions of a Better World Foundation）共同創辦人

世界咖啡館對話點出了所謂「人類」或「人性」的真諦。這本書讓我們聽見了各種不同的聲音，證明了集體知識的真正本質，而集體知識正是世界咖啡館匯談的核心重點。

莎拉・寇柏（Sara Cobb）
喬治梅森大學（George Mason University）
分析衝突及對策學院（Conflict Analysis and Resolution）主任
哈佛法學院協商課程（Program on Negotiation）前任執行總監

世界咖啡館對話的發明，是一大創舉。如果能將它廣泛運用，相信這個世界會更美好、更富饒。

納皮爾・科林斯（Napier Collyns）
全球商業網絡（Global Business Network）創辦人

這真是一本偉大的傑作，對世界的貢獻不在話下！《世界咖啡館》能給你信心，以全新的方法展開共同學習——因為它能創造一個安全的環境空間，供重要問題浮出表面，做出真正的改變。

凱文・庫勳（Kevin Cushing）
AlphaGraphics印刷公司（AlphaGraphhics, Inc.）

這本書實現了匯談的精神——它囊括各種不同的聲音，透過深層見地，施展集體智慧的魔法。

李夫・艾文森（Leif Edvinsson）
瑞典隆德大學（University of Lund）智慧資本教授

像我們這種都會領袖和地方社群領袖，應該把世界咖啡館及其別出心裁的對話方法，引進我們的公開討論園地裡。

艾德・艾佛雷特（Ed Everet）
加州紅木市（Redwood City）都會經理

世界咖啡館是一種扎實、好用和可以變通的方法，可用來處理棘手但重要的問題。它能創造出眾人認同的結論，因此比較有可能付諸於行動。

馬丁・費歇爾（Martin Fischer）
英國國民健保局（British National Health Service）資深領導顧問

世界咖啡館是一個有力的流程，可以催生出真正重要的對話——有癒合能力的對話。這本書會告訴你如何使用這個流程——然後讓你看見這中間所擦出的火花！

馬克・葛松（Mark Gerzon）
調解者基金會（Mediators Foundation）及《超越疆界的領導》
（Leading Beyond Borders: Tools for Transforming Conflict Into Strategy）一書作者

華妮塔・布朗和世界咖啡館社群，將這本開創性十足的著作當作大禮送給世人：這是一個簡單、出色、美麗的流程，可以針對重要議題創造出優質的對話，即便處於前所未見的分裂時代。

桑蒂・希爾貝區（Sandy Heierbacher）
全國匯談審議聯盟（National Coalition for Dialogue & Deliberation）總監

世界咖啡館是一種有效又不做作的方法，可以讓「這個世界看清自我」（聽見自我的聲音）——身處在這樣一個複雜棘手的世界裡，這種能力是不可或缺的。世界咖啡館可以協助我們的國際組織學習協會社群，針對重要的當代議題展開研究，建立多年的良好人際關係。

雪莉・印米迪亞度（C. Sherry Immediato）
國際組織學習協會（Society for Organizational Learning）總經理兼總裁

放眼未來十年的各種可能困境，我們恐怕真的需要多一點真正重要的對話，少一點空談。我們必須用新的方法展開學習。《世界咖啡館》就是一種最直接實用的資源，非常有利於這類學習。

包柏・喬翰森（Bob Johansen）
未來學會（Institute for the Future）資深副總裁及傑出會員

世界咖啡館的功能有如一座大教堂的窗戶，它引進陽光，讓人們看見自己
與生俱來的智慧。這本書是一本有生命的故事書，書中充滿深奧的見地，
可以幫助我們透過充滿生命的對話，創造出有意義的生活。

科佩斯坦牧師（Rev. Jan William Kirpestein）

祖翰·龐提（Johan Bontje）

前者是荷蘭世界觀基金會（Encounter of Worldwide Foundation）的創辦人

後者是基金會的資深顧問

這本書談到各種和主持策略性對話有關的原則，正好也是我們高階經理企
管碩士班的基礎課程。為什麼呢？因為它們很好用啊！

羅伯·蘭傑爾（Robert Lengel）

美國德州大學聖安東尼奧分校專業能力中心（Center for ProfessionalExcellence, University of
Texas, San Antonio）主任兼高階經理進修研究所（Executive Education）副所長

世界咖啡館是如此動態化的流程，以至於我不禁懷疑，它怎麼可能抓得住
言語裡頭到處流竄的點子與集體思維。但這本書真的抓住了「學習之道」
的精髓方法。

威特·歐斯崔寇（Wit Ostrenko）

科學工業博物館坦帕灣分館（Tampa Bay Museum of Science and Industry）館長兼執行長

《世界咖啡館》讓我們看見了以對話這種核心流程的重要性，其手法有趣
又具啟發性，證明了在聆聽和公開對話上，我們是唇齒相依的。

麥克·菲爾（Mike Pfeil）

高特利集團（Altria Group, Inc.）企業傳播部（Corporate Communicatoins）副總裁

如果你反問自己：「我該怎麼做才能提倡創新的思維？」這裡就有一個現
成的方法。它很實用、很有趣，全球各地都能適用。

馬喬利·帕克（Marjorie Parker）

挪威領導培育中心（Norwegian Center for Leadership Development）共同創辦人及
《創造共同願景》（Creating Shared Vision）一書作者

這套方法簡單卻創新、精緻但實用，是你在深入探索、放大思想格局時的好幫手。

維琪・羅賓（Vicki Robin）
對話咖啡館（Conversation Cafes）及美國大家談（Let's Tallk America）創辦人
《要錢或要命》（*Your Money or Your Life*）一書作者

《世界咖啡館》是一種創新的社交技術，可以讓你取得集體智慧。對社會轉型和組織變革的研究專家和工作者來說，這是一本必讀之作，也是一份必學的功課。

克勞斯・奧圖・夏默（Claus Otto Scharmer）
MIT史隆管理學院資深講師
《修練的軌跡》（*Presence: Human Purpose and the Field of the Future*）一書合著作者

《世界咖啡館》裝滿了各種令人驚豔的匯談寶藏，書中盡是條理分明的構想與原則，值得我們探索與品味。

佛列德・史提爾（Fred Steier）
美國人工頭腦協會（American Society for Cybernetics）前任會長

這本書是用科學理論去架構匯談的方法和世界咖啡館的運作方式，這一點令我十分欣賞。書裡頭的各種聲音讓我們看見了希望，也讓我們相信，或許有一天我們真的會互相幫忙，為所有生命以至於整個地球貢獻一己之力。

芭芭拉・汪（Barbara Waugh）
四海e家（e-Inclusion）創辦人
惠普公司人際關係大學（University Relations, Hewlett-Packard）總監
《電腦裡的靈魂》（*The Soul in the Computer*）一書作者

我們曾經把世界咖啡館的匯談方法，運用在國際集會和地區會議上，與會人數從上千人到五十人都有。這些會議都能在進行「真正重要對話」的同時，也讓所有與會者體驗到彼此之間的圓滿交融關係。

羅絲・韋區（Rose Welch）
知性科學學會（Institute of Noetic Science）社群網絡及國際會議總監

對話、匯談圈、社群……這些都算是二十一世紀的先進做法。至於《世界咖啡館》則為這個未知的領域提供了一份精準的地圖。如果你想知道整個社會和全球文化的走向，請讀這本書！

賈斯汀和麥可・湯姆斯（Justine and Michael Toms）
新空間世界傳播網絡（New Dimensions World Broadcasting Network）的共同創辦人

組織的未來表現和組織裡所出現的對話品質是息息相關的。世界咖啡館為我們提供各種秘方，教我們如何展開重點對話。如果你想成為二十一世紀的領導人，這本書是你的必讀之作。

艾瑞克・沃格特（Eric Vogt）
國際企業學習協會（International Corporate Learning Association，簡稱InterClass）總裁

世界咖啡館向來是我們國際系統思考會議的慣用做法。它是一套很有效的方法，可以去除人與人之間的隔閡，釋放集體智慧，以利行動的佈局和展開。

金尼・威利（Ginny Wiley）
飛馬訊息公司（Pegasus Communications）總裁

目次

中文版序

親愛的中文版讀者：

　　《世界咖啡館》這本書已經翻成中文版，我們很榮幸也很快樂。我們希望世界咖啡館的精神和程序能夠對博大精深的中華文化有一些微薄的貢獻，我們知道數千年前中國古籍中同樣也有影響深遠的對話和提問。

　　世界咖啡館的中心是我們相信，如果我們可以找到大家共同關心的提問而且展開有意義的對話匯談，我們就能為各式組織和社群創造更美好的未來。到目前為止，這本書已經翻譯成七種語言，現在中文版的讀者們終於可以成為我們全球家族的成員了。

　　我們希望大家能享受書中的真實故事，然後再相互分享你們自己的故事，當然也分享給全球社群。讓我們持續這種相互學習以創造我們共同的未來。

　　謹致上我們的真誠和敬意

華妮塔・布朗和大衛・伊薩克

Dear Chinese Readers,

We are truly delighted and honored that the World Café book has been translated into Chinese. We hope that the World Café process and spirit can make a small contribution to the rich culture of critical dialogue and questions that have existed in Chinese culture for thousands of years.

At the heart of the World Café is the belief that we can create a better future in organizations, communities and in our world if we have meaningful conversations with each other around questions that we care about. We already have tranlations in 7 languages and now Chinese readers will be part of our global family.

We hope you enjoy the stories in the book and start to share your own stories with each other and with our global community so we can continue to learn from each other and co-create our common future.

Sincerely and respectfully,

Juanita Brown and David Isaacs

專文導讀一
真誠對話，產生團體智慧

石滋宜／全球華人競爭力基金會董事長

　　七十年代我在北美工作，發現工會和管理階層的對立，阻礙了企業的變革與發展，因為雙方無法真誠的對話；而八十年代我回到台灣工作，也發現台灣企業老闆和員工存在認知的鴻溝，因此我在85年開始推動三天兩夜的企業文化共識營，鼓勵企業經營者創造一個平等而開放的平台與所有員工溝通，從上千家的企業推動的經驗總結，這是非常有效的做法。

　　後來我讀到派克醫生（Scott Pack）所寫的《等待重生》（*A world waiting to be born*）這本書，他幾乎也在同時推動類似的工作，他將這種平等開放的對話用在心理治療、處理社區衝突、也有一部分用在企業內部。我的好友彼得‧聖吉（Peter Senge）也在MIT（麻省理工學院）建立學習實驗室，研究推進組織變革的一種方法論，其中最重要的精神就是深度匯談（Dialogue），後來將他的推動經驗寫成了《第五項修練》，這顯示了一個深刻的事實：平等而公開的對話，是解決共同問題的最有效方法。

　　這也是為什麼我推薦《世界咖啡館》這本書的原因，因為它倡導的就是平等而開放的對話，參與對話的每一位成員，不論他／她的職務、階層、經驗、種族、性別、信仰等不同，只要是被邀請上桌，都是可以與其他人交流他／她的看法。《世界咖啡館》的主要編者華妮塔‧布朗（Juanita Brown）和大衛‧伊薩克（David Isaacs）及世界咖啡館社群（World Café Community）的作者綜合了他們的經驗提出主持及準備咖啡

匯談的一些共通性的原則和流程,例如:為背景定調、營造出宜人好客的環境空間、探索真正重要的提問、鼓勵大家踴躍貢獻己見、交流和連結不同的觀點、共同聆聽其中的模式、觀點及更深層的問題、集體心得的收成與分享。我都非常贊同,其中我認為最重要的是主持人的角色。

　　由於平等而開放的對話在不同文化背景實施時,可能會因為對「情境」(Context,本書譯為背景,我認為它還有更深層的意義,其實是文化、社會的脈絡)的認知不同,可能會發生誤解或是碰撞,因此,主持人一方面要營造迎客的氣氛,一方面也要注意聆聽不同意見的真實聲音(Real voice),將它轉換,形成共鳴,我稱之為「情境遷移」(Contextual transfer),以免將咖啡匯談弄成了辯論會或是一般的閒聊漫談。過去,我們在台灣舉辦的共識營匯談,我都會親自主持,因為我自信在情境遷移上可以起到導引的作用。

　　我在2003年提出「情境學習」(Contextual learning)的方法論,鼓勵企業界用傾聽(Listen)、表達(Express)、懂得問(Ask)、回饋與分享(Share and Respond)、培育(Nurture)五種精神來激發團體智慧(collective intelligence),這五個字的英文開頭,就是「學習」(LEARN),我認為人可以從「情境」中產生共鳴,每個人都有自己親身經歷的故事,每個故事有個人的體驗、情緒、感受與事實,如果每個人學習說故事,故事和故事之間就會有共通的情緒、感受連結,也會激發別人的興趣與參與。主持人的角色是讓這些不同的情境產生匯流,並遷移到我們共同的情境中,鼓勵大家共同找出解決問題的答案。這也與世界咖啡館所倡導的核心原則不謀而合。

　　由於科技創新的難度越來越高,現在許多創新是過去創新成果的轉換或累加,今後類似愛迪生或是愛因斯坦這類運用個人的天賦創新將會越來越少,反而是集合眾人的智慧創新才會有所突破技術的瓶頸。如何才能匯集團體的智慧?就要靠研發人員、生產人員、市場人員、甚至競爭者間平等而開放的對話。以前同行是冤家,現在我們看到同業必須合

作，才能在「你泥中有我、我泥中有你」，共同分享創新的成果。

　　我很樂意看到「世界咖啡館式」的對話能在各個領域得到應用，我堅信在這種平等、開放的平台，真誠的對話，人類的許多重要問題可以得到解決。試想：家庭成員可以用「晚餐咖啡時間」來對話，公司成員可以用「企業咖啡時間」來對話，政治團體可以用「和平咖啡時間」來對話，那麼，許多悲劇都可以避免，這個世界將會更和諧，人類更幸福與快樂。

專文導讀二
當你把電腦帶進世界咖啡館

宋鎧／中央大學資訊管理學系教授

　　回憶2003年在波士頓的咖啡館由彼得‧聖吉主持討論《2004年中國第一屆高階領袖論壇》（ECW）時，大家對WORLD CAFÉ進入中國高階領袖的層次是否恰當表示懷疑，但大家都對這種新式的團隊討論方式滿懷興趣。2004年，此方法在昆明第一屆企業高階主管論壇上正式介紹給中國企業高階領袖。不出所料，前兩天用這個方式討論，與會者均表現出一定的不適應性，但到第三天，尤其是結束前的半天，幾乎所有領袖都對這種討論讚不絕口，認為是該次論壇最大的收穫。此後，2004年深圳、2005安徽天柱山的ECW上，中國企業領袖一直對這種新方法持續保持高度熱忱，特別是從學術界來的我，對這種方法的鑽研產生了濃厚的興趣。

　　我們都知道，彼得‧聖吉的《第五項修練》中所談的團隊學習方法——深度匯談，其執行的細節就是「世界咖啡館」的具體實施。一個有效的團隊學習，基本上就是追求在一個相對短暫的時間內，有效地彙集、整合大家的各種想法。在團隊學習的過程中，能夠由分散的小組討論，到集體的認知過程，能夠巧妙地在適當的時間做分散與聚合的活動。而在一次又一次的分散與聚合的行為裡，讓每一個參與討論的成員，都能夠得到充分的前期的資訊，並刺激當下的想法，去彙聚成下一波討論的思維。這種巧妙的分分合合的過程，從形式上看，倒有一些《三國演義》中所說的「合久必分，分久必合」的輪迴趣味。《世界咖啡館》之所以今天在世界各個重要的會議場面上受到廣泛的使用，也就

是因為，它能在相當短的時間內彙集與會者相同或不同的理念而達成一致的決議。

我們常看到在彼得・聖吉所主持的「世界咖啡館」的討論中，總有一位頭腦清晰的助手，將正在進行的思維，化為條列式的綱要，寫在牆上的大型白紙上，作為與會者討論進行中的參考。這種綱要式的思維展現，正是學術界統稱的「心智圖」（Mind Map）的運用。這使得我開始思考，如果能夠讓每一個與會的成員都能在他自己的筆記本電腦上，隨時有一個清晰的並不斷更新且正在討論的心智圖，豈不對大家的討論帶來更大的助益？於是，我開始將電腦帶進了學校的「咖啡館」。我要求每一個討論的桌上，都具備至少一台筆記本電腦，並有一位成員擔任心智圖的製作。於是，在很短的時間內，我的每一桌的學生們就都能在心智圖的幫助下，將一輪一輪的討論，更有效率地進行得更為完美。更進一步，為了使每一桌的討論成果的心智圖都能及時更有效率的讓每一位包括他桌的與會者都能分享到，我又將一個功能強大的網路協作軟體 Join Net 引進「咖啡館」。透過網路的連接，團隊學習的效果又提升了許多。

說到突破時空局限，我們人類總永遠被時間所限制。時過境遷的無奈，往往局限了我們人類思維的更大發展。好消息是，當前最好的協作軟體已相當程度地解決了這個限制，一個眼前的討論成果及其過程，可以被快速而方便地存儲為影音檔案。於是，各類小組雖地處天南地北地進行一輪又一輪的討論，卻可以在沒有任何時空限制的條件下持續下去。我們的希望，是將最新的資訊科技加入到團隊學習的最好方法裡去。

我們正在進行的實驗，是將世界咖啡館的團隊學習方法搬到網路世界，讓兩岸三地的學子穿越時空，進行隔空且有效的團隊學習。這項實驗，有望在一年內，取得實際的成效。

總之，《世界咖啡館》是近年流行於國際層面的團隊學習的時髦方

法，現在，到了我們華人社區，我們又用更時髦的做法讓它添增了光彩，將它的團隊學習功效又放大了若干倍。朱子有云：半畝方塘一鑒開，天光雲影共徘徊，問渠哪得清如許，為有源頭活水來。我們期望，最新的資訊科技會像源頭活水一般為「世界咖啡館」帶來新的生命。

　　值此《世界咖啡館》中文版問世之際，僅以本人過去數年經營兩岸三地大學「咖啡館」的經驗，不揣簡陋，就教於各方專家學者，尚請不吝賜教。祝願這本工具書《世界咖啡館》中文版的問世，能給有志於創建學習型組織團隊的全球華人一個最為有用的指導。

專文導讀三
「世界如是咖啡館」與「世界咖啡館」
"The world as Café" and "the World Café"

林金根／組織學習協會秘書長

　　自牛頓時代起，世界是一部巨大的機器，萬物只是這部巨大機器的零件，隨時可被取代或廢棄；複雜科學時代起，世界不再被當做一部機器，世界是具溝通網絡型態的一種自我組織生命體，萬物交織連結於其中，每一個個體都有不可或缺的存在意義。

　　「世界如是咖啡館」（the world as Café）的隱喻，派生於複雜科學的世界觀，唯有如此才能深刻體會何以世界「如是」咖啡館。顯然，咖啡館正是活生生的具溝通網絡型態的一種自我組織生命體，在其中有著歡愉、對話與各種可能性創生。「世界如是咖啡館」的隱喻，讓我們察覺人類語言對話與人際關係中的無形網絡，並賦予此無形網絡意義與影響力，促使人們關注意義、共同學習、分享願景與創化未來。

　　「世界如是咖啡館」的隱喻，遠比「世界如是上帝的身體」、「世界如是幻境」、「世界如是劇場」、「世界如是百科全書」等等更具美妙的意象與意境，此即是表現在對人類生命原象「圓」的深刻比擬，咖啡館中從有形意象到無形意境皆可看到諸多「圓」的動態對話網絡，這種型態也頗能契合東方哲學「道」的精髓，世界正是一個「完美的圓」。「世界如是咖啡館」的隱喻，也許正意謂著這般真理：讓世界復歸一個「完美的圓」始自咖啡館中諸多的「圓」。

　　「世界咖啡館」（the World Café）是世界已復歸為「完美的圓」的真實呈現，它的時態是奇特的「未來已完成式」，如同「回到未來」

（Future Back），這種奇特的說法是生物學家 H. Maturana 的驚人見解：「歷史早已跟著人們的想望而來」。當然，這也是「世界咖啡館」不易瞭解，卻是最為精采動人之處，每一場「世界咖啡館」諸歷程都已是世界復歸為「完美的圓」的當下真實呈現，彼得・聖吉近年常以「呈現」（presence）一字來說明這種人類內在最深層的生命靈動，當下一切如是圓滿。

　　「世界咖啡館」是人們一種早已具足的生活方式，一種美學的意境與生活態度，透過一些巧妙的對話過程，自我組織呈現人性本真美善聖愛，如同華嚴經中所描繪的因陀羅網，「一珠之內，印現一切的珠影，一珠映無數珠，無數珠映無盡珠，重重無盡，互映無礙。」事理一如、圓融無礙是「世界咖啡館」的如實寫照。

　　不管是對「世界如是咖啡館」的隱喻或是對「世界咖啡館」的真實呈現，東方人頗能掌握其中的精髓，東方文化「圜道觀」更能彰顯其契合性。若以東方智慧的修練精髓，揉合西方「世界如是咖啡館」集體對話的哲學，如能透析箇中奧妙，就有機會如本書所言打開群體中神秘的寶藏，迎接一種不可思議的未來與創造性，展現每一個生命個體的無限價值與真正的存在意義。

前言
只有合作，才有智慧

執筆人：瑪格利特・惠特里（Margaret J. Wheatley）

瑪格利特・惠特里是《領導與新科學》（*Leadership and the New Science*）、《一種更簡單的方法》（*A Simplier Way*）、《互相求助》（*Turning to One Another*）和《找到我們的路》（*Finding Our Way*）這四本創見性著作的作者，此外也擔任顧問、演講者和柏卡納學會會長一職，該學會是一家非營利基金會，專門為全球各地培育領導人才。在這篇探討對話力量與集體智慧的文章裡，瑪格利特從自己的觀點道出了世界咖啡館的未來貢獻。

在這動盪不安、人們彼此疏離的時代裡，我試圖找出能為未來重新點燃希望的各種構想、流程和作為。世界咖啡館正是我要找的東西。來自世界各地的咖啡館工作者，在這本書中娓娓道出他們的故事，證明人類是可以從合作共事中找到意義、甚至快樂，再從這種合作過程裡的對話當中，找到有利我們未來走向的大智慧。

世界咖啡館讓我們重新認識了那個我們早已遺忘的世界。在那個世界裡，人們會自然聚在一起，因為我們喜歡有伴；在那個世界裡，我們很享受對話的過程，我們喜歡聊聊自己最在乎的事情；在那個世界裡，我們並不疏離，我們沒有階級、沒有刻板印象；在那個世界裡，我們會單純地打招呼，完全不靠科技和人造產物；在那個世界裡，我們常驚豔於某種智慧，這種智慧不屬於我們任何一個人，而是我們全體所有；在那個世界裡，我們知道只要共同交談，就能找到必要的智慧來解決問題。

那個世界已經被我們遺忘已久，但它從未離我們而去。多年來，咖啡館流程的共同創始人大衛・伊薩克（David Isaacs）總是在說，我們的責任就是重新喚起人們對那個世界的記憶，完全不需要再另外創造一個世界。但我從許多地方觀察到的結果，卻是人們對於「如何有效地合作

共事」這層記憶，似乎早已被複雜的團隊運作、引導技巧、艱澀難懂的
分析方法，以及筋疲力竭的感覺給磨光殆盡了。人們變得更極端，更無
所適從、更沒耐心、更容易對彼此失望，也變得比以往更孤僻。眼前堆
積如山的問題令我們一籌莫展，一想到自己連最簡單的問題都沒辦法解
決，更是令人垂頭喪氣。只要是正常人，都不會想自找麻煩地參與更多
會議或碰更多問題，因為這些事情只會讓我們更煩惱，更顯無能。

　　或許這種記憶流失的最可怕後果就是：我們越來越相信人類是難以
相處和自私自利的動物，我們無法信任彼此。隨著這種負面觀念的根深
蒂固，我們開始掩飾自己，我們只看眼前的工作，不再對這個世界心懷
感激。我們疏離、孤單，我們失去勇氣和能力。就連我們的工作也失去
意義，最後只剩下無止無盡的疲憊與孤寂。

　　世界咖啡館重新喚起了我們的深層記憶，讓我們想起和人類生活有
關的兩種基本信念：第一，人類很喜歡聚在一起討論真正重要的問題。
事實上，這也是生活中的一大樂趣和意義所在。第二，當我們聚在一起
的時候，我們就能進入一種大智慧當中，這種智慧只存在於集體裡頭。

世界咖啡館的運轉

　　當你在讀這本書的故事和建議時，你會看見這兩種信念是如何在咖
啡館流程裡重新復活。為了點燃你對它們的探索熱情，我要在此特別說
明咖啡館流程的一些特性，以便讓這些信念真實具現於我們的生活中。

●相信每一個人

　　世界咖啡館有一個簡單的流程，可供人們聚在一起共同討論真正重
要的問題。它的基礎是建立在「人們本來就已具備合作共事的能力」這
個前提上，不必去管他們原來的各自角色是什麼。對我而言，這是一個
非常重要的前提，可以釋放我們對個人風格、學習風格及情緒智商的執

著與迷思──這些當今熱門的辦法，都是我們用來刻板化和未審先判他人的方法。這種類型論最後只會疏離和刻板化我們每一個人。這些都不是那些辦法的創始人當初所要的結果，但終究還是發生了。

　　咖啡館的流程曾被運用在不同文化、不同年齡層團體、不同目的、和不同社群及組織裡。參與者是誰並不重要──重要的是這個流程很管用。它之所以管用，是因為人們本就可以合作共事得很好，當人們針對重要問題，積極展開有意義的對話時，他們會變得很有創意、很有見地。我希望這些故事能幫助我們拋開早已習慣的歸類法則和刻板印象論，別再管誰該參與，誰該加入會議……因為這些都只是我們為了建構一個「適當」的團體所做的各種謹慎分析，但這種分析的背後立論基礎根本是錯誤的。我們需要讓整個系統更多元化，但這種多元化不是要你只注意分類挑選的方法。

●多元化

　　世界咖啡館用在什麼地方、什麼目的？該鼓勵哪些人來參加世界咖啡館的集會？這些才是你應該注意夠不夠多元化的地方。這本書不斷呈現出一個價值，而這也是我最深信不移的價值，那就是：我們必須多元化。在今天的世界裡，只有靠多元化的力量才能生存下去，因為如果不夠多元化，你就無法精確理解眼前的棘手問題或掌握現況全貌。我們需要來自不同角度、不同聲音和不同心境的各種觀點。我們的個性不同、角色扮演不同，因此看事情的角度也不同，如果我們無法認同這件事實，又怎能精準看出一個真正的全貌呢？要想有足夠資訊作出最好的決策，就得先採納各方意見及觀點。而探索各方意見觀點的這個動作，往往能讓我們有更緊密的合作。有位咖啡館成員說得好：「你在一群陌生人當中移動位置，但感覺上你好像已經認識他們很久了。」

●熱情邀約

在每場咖啡館裡，都嗅得出熱情邀約的味道。營造宜人好客的環境空間固然重要，但這種好客的感覺不是只求表面，它來自於主持人一種根深柢固的認知，他相信每個人都很重要，任何人都有可能提出足以擦出花火的絕妙點子，催化出集體見地。咖啡館裡的引導者是最真誠的主持人——他們會營造出一般會議流程所嗅不到的迎賓氛圍。你可以從這些故事裡頭發現到這一點，甚至拿它來和以往開會的經驗比一比。當你被人家當成是會場裡的重要人物，被會議主持人當面歡迎你的大駕光臨，被人當作是寶一樣地請進會場，那種感覺是什麼呢？

●聆聽

當人們投入有意義的對話時，整個會場就被各種好奇和喜悅給淹沒。他們開始靠得更近，他們的表情專注，空氣裡瀰漫著一股熱切聆聽的氣氛。有一種和諧穩定的力量在形成，間或夾雜著幾聲大笑。要在這時候打斷他們的對話，可是件難事（我一向把這種狀況視為一種徵兆）。

●行動

在世界咖啡館流程裡，人們會在各桌次之間移動位置。但這種移動不只是物理空間的移動而已。因為當我們移動時，我們也會順勢拋開原來的角色、原來的想法、原來的自以為是。每當我們換了新的咖啡桌，我們就拋掉更多的自己，融入那個更大的我——於是我們代表的是眾人之間的那個對話體。我們走出了狹隘的自我，也走出原來的自以為是，進入到一個隨時有新點子新構想成形的寬廣空間裡。就像某位與會者所形容：「你根本不知道眼前的想法是打哪兒來的，它頻頻出現，不知不覺中已被塑造成新的模樣。人們爭相發言，支持彼此的看法，用的字眼都是以前想都沒想過的。」

當我們在這些對話之間尋找關聯時，當我們聆聽彼此，不再堅持己

見時，我們會發現我們已經進入一種更完整的認知意識裡。模式會越趨清楚。原本靠個人力量看不見的東西，竟在眾人之間逐漸顯形。

●好的問題

　　就像所有令人滿意的對話一樣，世界咖啡館匯談的成敗與否當然也是取決於我們的談話內容。好的問題（我們很關心、很想理出頭緒的問題）會令我們精神一振，就好像它在熱情邀約我們共同探索、冒險和聆聽，要我們摒除成見。好的問題會讓我們變成好奇寶寶，讓我們不再自以為是，於是常能因此挖出新的見地。

●能量

　　我參加過的世界咖啡館，沒有一場是無聊或無趣的。裡頭的與會者永遠是活力四射、興趣昂然、充滿創意，處處可聞笑聲。即便面對最嚴肅的議題，也不乏嘻鬧的聲音。對我而言，這證明了我們有多開心能重新聚在一起，我們有多高興能重新找回人類社群。有一位主持人來自於文化背景較一板一眼的地方，但他卻說：「這更堅定了我對人們的信心。不管過去的方法有多中規中矩，人們真正想要的其實就是誠懇的對話。不管你打哪兒來，都喜歡和別人互相聊聊，彼此學習，對於自己所關心的議題發表一些意見。」

●發現集體智慧

　　這些都是咖啡館的一些特性，有助誘出我們的潛能。但故事不是僅止於此。世界咖啡館對話還可以帶我們進入新的領域，這個領域原本被個人主義當道的現代文化給遺忘殆盡，它是一個靠集體智能所集合的領域，只有在我們組成一個團體的時候才能擁有，光靠個人是辦不到的。只有當我們彼此更緊密地合作，從一個對話換到另一個對話，將各種想法和點子放進對話裡，試圖尋找其中的模式時，這個智慧才會慢慢顯

形，共同見地也會誕生。這個過程是有科學根據的，因為所有的生命體
都是如此運作。當不同的想法或個體開始結合時，生命就會帶給我們連
串的驚喜——新的能力和智慧會突然現身。所有生命體都是這樣運作，
只不過我們人類沒搞清楚狀況，沒看出這其中的奧妙：換言之，當個人
行動開始彼此串聯時，能力便會跟著擴張。

對於我們這群在線性世界裡長大，老被精密的分析牽著鼻子走的人
來說，這種集體智慧的乍現方式往往令我們嘖嘖稱奇，其實咖啡館與會
者對於這種現象所下的註解，也常令我目瞪口呆。以下是他們的一些說
法，請注意看他們的用詞有多奇特：

　　「場中魔法！」
　　「出現在會場中央的那個聲音！」
　　「不管討論內容是什麼，都能不可思議地體驗到人性，包括我
　　們自己的和別人的。」
　　「在桌子中央有種東西正在孕育成形。」
　　「把我們結合在一起的……是一種更大的整體，我們隱約知道
　　它一直都在，只不過從沒認真思考過。」

對我而言，集體智慧現身的那一刻總是令人屏息以待。即便我知道
這種智慧早晚會形成，但我還是會因它的出現而震驚不已。這種智慧的
現形會讓人舒一口氣。原來我們真的知道怎麼解決自己的問題！我們可
以找到有效的對策！只是一直找錯方向——我們找專家、我們對外尋求
對策、我們執著於精密但空洞的分析。但這個智慧卻一直等在那裡，等
我們進入有意義的對話，等我們深入地結合彼此，等我們明白只有合
作，才有智慧。

我最後一點拙見是：這本書最棒的地方在於，它的內容設計彷彿讓
人親身經歷世界咖啡館一樣，它盡量用咖啡館的形式來呈現書中的內

容。我們在書中見到許多陌生人，我們不認識這些人，他們的工作可能和我們完全不同，但他們卻利用世界咖啡館來傳遞自己的經驗故事。他們的故事很有說服力，就好像我們和他們同坐在一張咖啡桌上，一起交換故事，一起互相學習，越靠越近。然後我們那位才華橫溢的主持人華妮塔（Juanita Brown）走了進來，熱情邀約我們進入另一種層面的學習。她用世界咖啡館的語調在說話，她在邀請我們，引起我們的好奇，協助我們不斷深入探索。在她的帶領下，我們看到一些還很模糊的東西，也找到一些我們可以活用在工作上的概念與技巧。等到所有故事和心得都編織成串時，我們開始注意到其中的模式與見地，而這些模式和見地都是我們在打開這本書之前看不見的東西。等到整本書近入尾聲時，我們也等於經歷了集體見地和集體智慧，見識到集體思考的魔法。

希望你們也喜歡這本書的內容。希望你們會讀它、品味它、活用它，甚至也開始自己主持咖啡館對話。只要有夠多的人肯投入這些事，我們就能帶領大家重回那個世界——人們喜歡一起共事的世界，人們可以靠同步對話來擦撞出共同見地與行動的世界。在那裡，工作和生活被重新賦予新的意義與可能發展。於是，我們的未來被新希望重新點燃了。

序
對話的開始：邀你進入世界咖啡館

　　我是個標準六○年代的人。那時候社會動盪、政治不安，我們很多人都決定要敢說直言，看穿事情的表面，找出背後的真相。早年我像個社會改革激進分子，有著如火熱情，但如今那股熱情已趨冷靜，取而代之的是同情與憐憫，只因為這三十多年來我在各種法人體制下，不斷近距離地處理一些個人和機構在變革上所遭遇的兩難與矛盾之處，於是我的「自以為是」和「理所當然」被磨成了謙卑，我漸漸明白「敢說直言」其實有很多種方法——任何一件值得你批判的事，都有它的各種面向。正是這種覺悟，使我下定決心要與你們分享學習的故事，而這場學習之旅來自於世界咖啡館（World Café）這個已然興起和形成的概念。

　　當年我在佛羅里達州邁阿密南邊的郊區長大，我們家的客廳和餐桌總是有人在高談闊論。他們可不是一般的聊天，而是針對重大的問題展開熱烈討論——主題不外乎公平正義、民主、民權。佛羅里達州的公民自由就是從這些住家和教堂裡常見的高談闊論當中孕育而生，茁壯成為一股在南方發生大動亂時要求情理分明與公平正義的力量。

　　到現在我還記得我十幾歲的時候，我們在南墨西哥養祖母家裡的精采對話。二次世界大戰期間，從歐洲流亡出來的特拉蒂・布羅姆（Trudi Blom），當時已在遙遠的恰帕斯（Chiapas，譯註：墨西哥南部的一個省分）建了一所以環保議題為主的全球對話及行動中心——那時候永續性（sustainability）這三個字還沒成為全球的流行話題。在她餐廳的長桌上，人類學家、作家、科學家及當地的旅行者齊聚一堂，和藍卡敦馬雅族（Lacandon Maya，譯註：馬雅族的其中一支後裔，分布在墨西哥）

的雨林居民及恰姆拉（Chamula，譯註：恰帕斯省中央高地的自治市）高
地印第安人一起享用美食。這一群形形色色的多元化團體，總能擦撞出
各種新知、發現，和一些始料未及的聯想。半個世紀後的今天，Na-
Bolom Center仍然是一個可供大家在餐桌上，透過對話交換不同意見、
觀點的地方。

　　當年我以社團幹部身分與凱薩・查維斯（Cesar Chavez，譯註：墨西
哥裔的美國勞工運動者和領袖）共同參與農工運動時，就是靠這種無數次
的非正式會議（在頹圮的住家和勞動營裡，大夥兒擠坐在破爛不堪的長
沙發上爭相發言討論），才能創造出一次又一次的小小奇蹟。透過對話
與反省，曾經世代綁住農場工人的潛在觀念開始鬆動。當工人們一起共
食玉米餅和大豆當晚餐時，他們也開始分享生活裡的小小願望（if-
onlys），想像一下那些不可能發生的事。然後在日積月累之下，開始提
出假設性問題（what-if），再從假設性問題演變成有何不可（why-nots）
的想法。

　　過去二十五年來，我一直在大型機構裡為那些試圖在知識時代裡克
服各種挑戰的高階主管們，擔任策略幕僚與思想夥伴（thinking partner）
的工作。在那個世界裡，我的語言和說明方式，漸漸變得頗有核心企業
流程裡策略性匯談和對話的味道。我的組織社群重心開始以非正式的實
作社群為主，這種社群才是創造新知與學習這類社會過程的背後搖籃。
但不管如何，我生命中的那些基礎思路仍然沒有動搖過，我還是深信唯
有針對重大問題展開對話，才能真正形成懂得用心的社群，才能展開合
作學習，才能在對行動上全力以赴——不管是工作上、社群裡，還是在
家裡。

非常重要的對話

　　透過我們的對話，一些真實故事和未來畫面得以交織浮現，如今這

種對話過程已經變得史無前例地重要。我們對地球共同資源的忽視，造
成現在的人類開始有「能力」把這個珍貴的地球，也就是我們的家，搞
到再也無法居住。由於暴力程度的升高，以及先進武器的破壞威力，如
今我們也有「能力」把人類這個物種連同其他物種一起滅絕。但反過來
說，現在也是機會乍現的關鍵時刻。以前我們無法像現在一樣，透過網
路和其他媒體，在通信及資訊分享上緊密連結，我們的集體處境開始被
放大化和透明化，遠遠超過幾年前的想見範圍。我們生平第一次有能力
針對眼前現況和應變方法，展開相連相生的全球對話及行動——而且這
種對話不是由任何單一機構、政府或企業所主持。現在該是我們更主動
參與這些對話的時候了。人類這個族群之所以存活下來，不管是在地方
上還是全球，或許都是拜我們能靈活回應以下幾個問題所賜：

- 我們該如何提高自己的層次，以便在自己的社群、組織、國家，
  以致在地球面臨關鍵問題時，能共同發揮更具深度的思想表達及
  思考能力？
- 我們該如何取得必要的集體智能與智慧，以便為未來找到新的出
  路？

　　這本書是一本集個人與集體旅程的故事書，整個旅程都在探索以上
問題。在這本故事書裡，我是主角之一，我的夥伴大衛‧伊薩克以及某
個生機蓬勃的全球性探詢及實作社群，也在其中之列。這本書是在告訴
你世界咖啡館是如何被發現與形成的。世界咖啡館有一個簡單但力道十
足的對話流程（process），它能促進建設性的對話、集思廣益，創造行
動上的無限可能，尤其適用於無法靠傳統對話方式來運作的大型團體。
　　只要有興趣創造真正重要的對話，不管是誰，都可以參加世界咖啡
館。它的七點核心設計原則（seven core design principles），可以幫忙改
善人們集體分享知識、打造未來的能力。世界咖啡館的對話也讓我們注

意到，組織和社群在運作時會出現一種極具生命奧妙的連結模式
（pattern）——它是一種由對話和意義創造（meaning-making）所構成的
無形網絡，我們就是透過這些網絡去共同打造未來，而且往往是柳暗花
又明。

　　領導者和其他的參與者若能務實瞭解世界咖啡館的流程（process）、
原則（principles）和模式（pattern），就有能力主持世界咖啡館和其他
形式的對話，甚至能針對組織的實際工作和關鍵問題，創造出動態化的
對話及知識分享網絡。

世界咖啡館的對話是如何運作？

咖啡館對話（Café conversations）的設計前提是：人們本身已具備足夠的智慧和創造力，可以面對眼前最困難的挑戰。整個過程雖然簡單，卻能產生令人驚豔的成果。世界咖啡館的別出心裁設計，可以使各團體（數以百人計的團體）在大型座談的架構下，以四到五人為一組的方式展開輪番對話。當這些人在各組之間移動位置、交換構想，用新的角度去審視攸關自己人生、工作或社群的問題時，各組之間的小型對話也開始出現串聯、共構的現象。隨著人際網絡的不斷連結，知識分享的機會也跟著大增。有志一同的感覺越來越強烈，集合眾人的智慧不再是件難事，各種可能的創新之舉於焉浮現。

在咖啡館的集會裡，人們往往會從平常的聊天（這種常讓我們沉溺於往事的聊天方式，經常是各說各話，而且很膚淺）迅速轉變成真正重要的對話（conversation that matters）。在這種對話當中，與會者會針對大家真正關心的事情，達成更深入的共識或決定更進一步的行動。世界咖啡館的七點設計原則可以在整合運用下，構築出一種「交談的溫室」（conversational greenhouse），提供有利的環境條件，供可用知識（actionable knowledge）快速成長。這些設計原則不只適用於咖啡館的正式集會場合，也可用來提升其他類型的對話品質——使你能充分運用組織或社群裡的人才與智慧，而這是傳統辦法不太能做到的事情。

世界咖啡館對話（World Café conversations）也會創造出一種經驗法則，於是我們知道為了達到共同思考、鞏固社群、分享知識及激發創意的目的，我們會如何自然地展開自我組織？它們讓我們更清楚地看見有生命力的對話是多麼重要！於是，我們會更主動發揮它的力量。咖啡館對話以創新的方法，證明了有生命系統理論（living systems theory）是可以付諸實行的。

世界咖啡館既是一種精心設計的對話流程，也是一種更具深度的有

生命系統模式（living systems pattern），它對會議的策畫、策略的形成、知識的創造、快速的革新、相關利益者的參與及大規模的改革，都有當下可觀的影響。此外，實際體驗咖啡館對話，可以幫忙我們在參與各種有助打造我們生活的對話時，作出更令人滿意的個人及專業選擇。

世界咖啡館向全球伸出觸角

自從1995年跨出第一步以來，已經有全球六大洲數以萬計的人，參與過世界咖啡館匯談（World Café dialogues）。其場地不一而足，有可容納一千兩百人的飯店大會廳，也有只能容十來個人聚會的溫馨小客廳。在某全球消費性產品公司裡，來自三十幾個國家的主管利用咖啡館的流程，整合出全新的全球行銷策略。墨西哥政府及企業領導人，曾把世界咖啡館運用在他們的情境規畫（scenario planning）裡。六十多個國家的地方社群領袖，更曾在斯德哥爾摩科技賽會（Stockholm Challenge，相當於科技界的諾貝爾獎）期間參與咖啡館對話。

美國及歐洲等地的教職人員正在架設虛擬的線上知識咖啡館，打算開辦遠距學習課程。在紐西蘭和美國，世界咖啡館的概念已經在地方生根，各地都有針對企業未來、永續發展及社群合作的相關重大議題，舉辦過咖啡館對話。世界咖啡館更是全力支持「對話咖啡館」（Conversation Café）、「大道咖啡館」（Commonway Café）、和「美國大家談」（Let's Talk America）等重要民間自發性組織，廣邀不同團體，共同探索當代議題。各地方的教堂及學校也曾小規模地運用世界咖啡館的流程來建立社群，達到集思廣益的目的。

不管是在什麼環境背景下，企業也好，政府機關也好，民間機構也

可以，社群也行，只要你是想靠對話來提升友好關係，達
到合作學習的目的，針對現實生活中的各種挑戰與重大策
略問題集思廣益，世界咖啡館都能辦得到。特別是和較大
型的團體共事時，功效尤其明顯，因為傳統的分組對話方
式，大多是為一般規模的團體所設計。

> 只要你是想靠對話來促
> 進友好關係、達到合作
> 學習和集思廣益的目
> 的，世界咖啡館都能辦
> 得到。

一個探詢及實作的社群

我們有一些全球各地的夥伴，不斷在針對咖啡館對話的理論與實務
展開各種實驗，並記錄成果、交換想法、互相學習，在他們的努力之
下，一個全球性的世界咖啡館學習社群——以及這本書——現已儼然形
成。

在這本書中，我將扮演解說者的角色，以主持人的身分為你在這些
世界咖啡館先行人士的故事、省思與對話之間穿針引線，和你一起分享
我們的心得，以及我們對「未知」的若干疑問。在透視與觀察單元裡，
我會分享個人心得與觀點，並帶你認識其他有助我們學習的楷模。

任何一種開路先鋒的行動，都不可能是完美的，它只是反映出那些
曾在旅程中現身，或曾參與初步規畫的人，他們的特殊興趣及視野角
度。至於我也和眾多夥伴一樣，只是在為這份工作做一些重要方向的推
動。希望你我在書中的結伴之旅，能讓你大概知道如何針對組織及社群
裡真正需要關照的地方，展開新的對話。

這本書以及我當年的世界咖啡館博士論文所用的研究調查手法，都
是用肯定式探詢法（Appreciative Inquiry）。肯定式探詢法是一種組織學
習和發展方法，由大衛・庫柏萊德（David Cooperrider）及其凱斯西儲
大學（Case Western Reserve University）的同仁們首創（Cooperrider and
Srivastva, 1987: Cooperrider and others, 2003; Whitney and Trosten-Bloom,
2003）。肯定式探詢法能引導我們去注意一些真正管用的東西，讓我們

去思考有什麼事情可以為某種經驗注入生命與活力？可不可能將它發揚光大？不過也別忘了，在咖啡館對話裡，也可能遇到其他集會所遇到的問題。只不過世界咖啡館強調的是深入的交流、小心求證式的探詢、構想的交換及未來可能性的思考（possibility thinking），所以往往能在心理上建立一定的安全感，降低不當的自我炫耀和固執己見的可能。咖啡館對話的特殊設計，常能輕鬆解決一般集會場合所慣見的問題。

你能從書中學到什麼？

第一章會逐一走訪來自不同領域的思想領袖他們的見解，並從他們的見聞中窺見「對話」雖然無形，卻能舉足輕重地影響我們的生活與未來。第二章則邀你以全新角度把「對話」當作一個核心流程（core process）——它是一種根本性的辦法，團體和組織可以透過它去改造周遭環境，催生出有助成功的必要知識。此外，該章也會簡單介紹七點核心設計原則，多少幫助你瞭解世界咖啡館的匯談辦法。

第三章到第九章會逐一介紹世界咖啡館的七點核心設計原則，換言之，一章只介紹一個原則。至於各章的開場故事，則讓我們看見全球各地的咖啡館主持人（Café hosts），是靠著什麼樣的智慧與想像力，在運用這些方法帶動對話。這本書的核心正是由現實生活中這些點點滴滴的「學習故事」（learning stories）所構成，其中有主持人的兩難處境，也有他們的心得發現。它不同於深奧的論文、教條和訓練手冊，反而處處可見創新的點子，會教你如何設計一套適合自己現狀的世界咖啡館辦法。然後各章再以這些經驗故事為根據，討論各項設計原則的背後概念，以及不同場合下的運用方式。

第十章則以實例解說咖啡館的主持技巧，因為這部分並未在稍早前探索七點設計原則時詳盡說明。這一章是特別針對世界咖啡館的主持指南這個主題而設計出來的，目的是要協助你在不同場合下，妥善運用咖

啡館對話。如果你想大概瞭解主持咖啡館的各種技巧細節，這是你起步的好地方。對於已經有其他團體經驗，又想成功主持咖啡館的人來說，這一章可以提供了許多必要的資訊，尤其如果你已經參加過世界咖啡館對話，那就更理想了。

　　第十一章剛開始，會以幾篇短篇故事來說明領導人是如何將世界咖啡館的辦法，活用在自己的對話式領導（conversational leadership）裡──這種對話式領導能力可以引出組織和社群裡的共同智慧，迎戰現實生活中的各式難題。這些都在我們的探索範圍內。對話型領袖（conversational leaders）若要利用對話的核心流程，來創造更高的企業及社會價值，究竟會先打造出什麼樣的組織基礎結構，和積極培養什麼樣的個人能力。

　　第十二章則強調書中各種見地及實務經驗所帶來的社會效應與未來影響。它鼓勵你加入這個嚴謹的對話性社群，不管你是在哪個地方努力打造匯談的文化，都歡迎你不吝分享各種觀點與心得。

　　在結語裡，世界咖啡館的元老級前輩安妮・道修博士（Anne Dosher, Ph. D.）將與我們分享她曾經有過的疑問，而這些疑問也間接造就了她這一生。她也要告訴我們，為什麼她會把自己的餘生花在匯談文化的打造上。接下來，麻省理工學院（MIT）史隆管理學院（Sloan School of Management）資深講師兼國際組織學習協會（the Society for Organizational Learning）創辦主席彼得・聖吉（Peter Senge），則會根據我們和全球重要領袖合辦世界咖啡館集會的共同經驗，發表一番結後語。

如何進入書中世界

每章的學習性故事，都在強調如何把該章的核心觀念放進現實世界的實務作業中。

　　打開本書，即可見到脈絡分明的共同架構，目的是要在共有結構下呈現不同文章，方便讀者根據自己的閱讀風格及喜好，進入書中世界。每章都會以一段引文、一幅插

圖和一句問題作為開場，以彰顯那一章的內容精髓。所以只要看過各章的開場，大概就能心領神會本書有哪些重要主題。每章的學習故事，都在強調如何把該章的核心觀念放進現實世界的實務作業中。這些故事雖然只是在為一些正在進行的工作做簡單的「瞬間留影」，但卻能讓你明白其實有很多方法，可以在自己的生活及工作上活用咖啡館對話。接下來在「透視與觀察」單元裡，我會以主持人的身分和你一起分享各先進思想家在其專業領域上的見地，從而探索對話的本質和咖啡館的學習經驗。你會在每章結尾處找到「問題的反思」這個單元，它將提出許多你在召集和主持重要對話時，必須深思的問題。

我們會刻意引用各種意見、各種說法語調，並靈活運用各種插圖，來強調一些重要觀念。此外，我們不斷在內文中交叉運用這幾個術語——世界咖啡館、咖啡館對話和咖啡館匯談——來形容世界咖啡館的流程。另外，你也會發現到一些像知識咖啡館（Knowledge Café）、領導咖啡館（Leadership Café）、策略咖啡館（Strategy Café），以及其他用來彰顯各種辦法的咖啡館名稱，這都是人們另外命名的，他們以世界咖啡館的模式和流程為基礎，作適度的變更，以配合顧客和自己的特殊需求。

雖然這本書不是基本指南，也不是一本教你如何舉辦世界咖啡館活動的詳盡工具書，但你還是可以從中找到重要的素材與實務觀念，知道如何在不同組織和社群場合下帶動對話。我們發現到世界咖啡館的好處之一是：它很簡單，而且多元化。事實上，如果你有領導團隊的經驗或與團體共事的經驗，那麼只要仔細看過每一章的開場故事，並詳讀過第十章的內容，就會知道如何著手了。書中的七點設計原則和各種主持技巧，非常有益於你召開各種目的的對話，不見得非要在咖啡館的場景下。即便你不打算辦咖啡館對話，這本書也能教你如何判斷這套辦法是否適合用在貴組織的大小集會或閉門會議裡。

誠如我稍早前所提，每章的結尾單元——「問題的反思」——都會

鼓勵你去思考你和重要對話有關的各種經驗及心得。現在就花點時間反問自己以下問題：

- 為什麼我想讀這本書？
- 如果我把這本書當成是我與作者之間的個人對話，這會如何影響我和他們的交流方式？
- 有什麼問題是在我讀這本書時若能好好探索，或許也就能一定程度地改變我的人生和工作？

這裡頭有很大的思考及反省空間。想像自己在一場咖啡館對話中，書的扉頁就是咖啡館的桌布。注意那些和你個人經驗或心得有關的東西，寫下值得注意的重點與發現，就像你在自己的組織或社群裡參與重要的對話一樣。想清楚自己的問題，在對話中加進自己的聲音。

西班牙詩人安東尼歐‧馬恰度（Antonio Machado）曾在他的詩作中提醒我們：「路是我們走出來的。」所以請加入我們，請踏上我、大衛以及世界咖啡館這個社群所共同走的這條路，希望你能找到世界各地咖啡館對話所創造的價值，鼓舞自己邁向未來。

歡迎加入世界咖啡館！

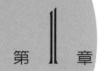

第 1 章

看見無形：
對話很重要！

光把新的觀點告訴別人，這還不夠。你必須讓他們從某種程度上去實際體驗，感受它的威力與潛在價值。與其直接灌輸知識到人的腦袋裡，倒不如幫他們磨光一副新的眼鏡，請他們用新的視野去看這個世界。

約翰・希利・布朗（John Seely Brown）
《不同觀點》（*Seeing Differently: Insights on Innovation*）

要是人類在對話時，

真就像如魚得水般地自在，那會如何呢？

故事

發現世界咖啡館：智慧資本先鋒會

大衛・伊薩克口述

既是我人生伴侶、也是我工作夥伴的大衛・伊薩克，是世界咖啡館的共同發起人。在這篇故事裡，他娓娓道來世界咖啡館因緣際會下的誕生過程，以及它的實作社群，同時也提到早期我們對咖啡館匯談的設計曾經如何絞盡腦汁。第一次的咖啡館經驗讓我們意外發現到，其實對話對於我們的未來打造，扮演了極為重要的角色。

　　1995年一月，加州米爾谷（Mill Valley）的家自黎明起便陰雨綿綿。我抬頭向起居室外面張望，只見露台旁那棵老橡樹後方的天空，有厚厚的烏雲籠罩在塔瑪皮斯山（Mt. Tamaplais）上。再過半小時，將有二十四名客人陸續上門，參加第二天的策略性對話，主題是智慧資本（intellectual capital）。我和華妮塔是這場集會的主人，協辦者還有瑞典的斯堪地亞企業（Skandia Corporation）智慧資本副總裁李夫・艾文森（Leif Edvinsson）。今天是智慧資本先鋒會（Intellectual Capital Pioneers）一系列座談的第二天——智慧資本先鋒會是一個團體，由七個國家的企業主管、研究人員和顧問組成，他們都是這方面議題的先進專家。

　　智慧資本和知識管理兩個領域目前仍屬萌芽期，還沒有針對這個主題寫過書，坊間也沒有任何手冊指南。我們只能自己一步步摸索。昨天晚上，我們正在探索一個問題：若要充分發揮智慧資本的價值，領導者該如何扮演好自己的角色？

　　華妮塔顯得憂心忡忡。她邊準備早餐、咖啡，邊擔心要是雨下個不停，賓客進門後就不能先到外面露台走走，到時我們該怎麼為今天議程布置場地呢？這時我突然有個點子。「我們可以先在起居室裡擺幾張小桌子，賓客到齊之前，先請已經來的人拿著自己的咖啡，到小桌子那兒坐坐聊聊。最後我們再把小桌子收起來，正式展開匯談圈（dialogue circle）。」

　　華妮塔舒了一口氣。就在我們排小桌子和白色塑膠椅時，我們的互動繪圖專家湯米‧娜嘉羅（Tomi Nagai-Rothe）來了，她一進門就說：「這些桌子看起來好像咖啡桌哦，我覺得可以放上桌布！」於是，便臨時抽出幾張白色畫紙蓋在每張桌上。這下子有趣多了！我們不再擔心下雨的問題，因為煩惱全被白紙給解決了。華妮塔決定在咖啡桌上擺些鮮花，於是到樓下拿花瓶。這時候，湯米又在每張桌上補上幾支蠟筆，就像鄰近許多咖啡館的做法一樣。然後又為我們家大門製作一面很可愛的招牌——歡迎光臨家園咖啡館——她故意拿我們家的住址（Homestead Boulevard，家園大道）來做文章，其實它只是山腰上的一條小路而已。

　　就在華妮塔插好鮮花的同時，賓客們陸續抵達。他們顯然很開心，也覺得很有趣，拿了咖啡和牛角麵包後，便隨興各自找了位置坐下，開始聊起昨晚的話題。他們很投入，甚至隨手寫在桌布上。我和華妮塔商量後決定，與其以匯談圈的形式來開場，倒不如就讓他們繼續在咖啡桌上交談，分享心得，或許真能因此找到領導統御和智慧資本中間的關聯。

　　四十五分鐘過去了，對話氣氛還是很熱絡。這時候一名叫做查爾斯‧薩維奇（Charles Savage）的成員高聲說道：「我很想聽聽別桌的內容，我們何不每桌留下一個主持人，其他人換到別桌去，也順便把我們這一桌的思想種子帶到別桌，和其他桌的內容做結合？」大家都認為這個建議很有趣，於是各桌人士在經過幾分鐘的總結之後，開始交換桌次。各桌主持人留在原地不動，其他人則換坐別桌繼續對話。

　　這一回合的對話又持續了一個小時。現在整個起居室裡生氣勃勃。大家的情緒都很激昂、很投入，有點喘不過氣來。這時另一位來賓又高聲說道：「我們可以再實驗一次，把新的主持人留在原桌，其他人換到別桌去，繼續針對我們的心得發現進行討論？」

　　於是大家又交換了桌次。外頭的雨好大。大夥兒各自圍桌而坐，一起學習，檢視各種觀念與說法，共同創造新知，在桌布上繪圖，記下關

鍵字句和點子。我和華妮塔抬頭一看，這才發現已經近午。我們自己也加入他們的對話，幾小時的時間一眨眼就過了。

　　起居室裡的對話氣氛依舊熱絡，空氣裡彷彿彌漫著用不完的精力。我請大家先總結各桌的對話內容，湯米則在起居室的地毯中央放了一張大壁報紙，然後請所有來賓圍著地上的壁報紙站好。這張壁報紙看上去，其實很像一張攤在地板上的大型桌布。接著，我們請每個小組也把他們的桌布沿著大型壁報紙的邊緣一張張擺好，最後請大家來場「巡禮」，看看這中間有什麼模式、主題和深入見地浮現出來。

　　就在我和華妮塔仔細觀察壁報紙上的各種集體見地與心得時，冥冥中感覺得到有件極不尋常的事情已經發生。我們正在親眼見證某種無以名狀的東西，就好像有個像「大我」一樣的集合體，正在眼前成型，完全超脫起居室的每一個「小我」。感覺上很像魔法——這一刻令我們激動不已，因為我們知道我們找到了什麼，這種東西很難具體描繪，但卻異常熟悉。不知怎麼搞的，這種師法咖啡館的流程，竟然使這個團體取得了某種形式的共同智慧，這個智慧會隨著人們和想法在各桌次之間的不停輪換、連結、交流而逐步固實。

透視與觀察

　　那場前所未見的會議結束之後，第二天，我和大衛以及昨天也出席會議的丹麥同事芬恩‧沃多夫（Finn Voldtofte）開始絞盡腦汁，想瞭解這中間究竟發生什麼事？我們逐一核對那天的各項要素，想查出它們是如何小兵立大功地，竟讓偉大的知識破繭而出？我們回想當天他們一進屋時，便看見起居室化身成為色彩繽紛的家園咖啡館，這對他們會有什麼影響？是不是咖啡館本身就是某種原型——一種全球通用的文化原型——可以立即拉近人們的距離，當下產生契合的感覺，就像那天的經驗

一樣？那天在現場，我們雖然沒有為與會者們做正式的指導或對話訓練，但大家很自然地便攀談起來，氣氛輕鬆、態度誠懇，這一切是不是該歸功於多數人本來就對咖啡館有正面的聯想？

　　我們也認真思索過，莫非是那些有助合作思考的問題發揮了作用？會不會是因為我們用與會者們都很關心的核心問題──「領導統御和智慧資本之間有什麼關聯？」──來架構這場會議的主題，所以才能得到兼具深度與品質的集體見地？接下來是各組之間的意見交流。如果能在不同團體裡頭交換彼此看法，是不是就能在不同觀點之間，找出新的接點與脈絡？我們也認真思考過桌布上的隨手記錄習慣，以及後來大家在地板壁報紙上的集思廣益做法，這些是不是也發揮了一定的作用？人們在桌布上直接看到對方的想法，這有點類似人們習慣在餐巾紙上潦草構圖或記下要點的做法，如果這種做法有意義的話，那麼意義何在？

　　就在我們試圖釐清這些疑點時，突然靈光一現，想到自古以來，有多少新的觀念和社會創舉，不都是在咖啡館、社交沙龍、教堂或起居室裡萌芽而蔓延開來的嗎？於是，我們這才恍然大悟，那天在起居室的咖啡館裡所經歷的一切，或許正和人類社會裡知識分享、變革及各式創舉的發生過程，有異曲同工之妙，只不過規模小多了。我們不禁想起，法國大革命就是從沙龍運動開始，還有美國獨立運動，也是拜縫紉婦女會和通訊委員會之賜。芬恩更不忘提醒我們，二十世紀初北歐的社會與經濟之所以能重新復甦，全是靠讀書會的網絡連結。我們這才明白，原來我和大衛早年參加過的社會運動，包括農民運動在內，全是遵循同一套發展模式。任何重大的改革，其創始人總是這麼說：「唉……剛開始只是我和幾個朋友在聊。」

　　起居室裡不斷形成的對話網絡，似乎讓我們直接體驗到大型組織改革和社會改革，每每風雨欲來的那種氛圍──後人總說這是「順天而為」。我們人類是不是已經太習慣對話了，以至於就像魚在水中游般地渾然不知其實它

我們人類是不是已經太習慣對話了，以至於就像魚在水中游般地渾然不知其實它已經成為我們賴以生存的媒介？

已經成為我們賴以生存的媒介？我們莫非是運氣好，才湊巧找到這套辦法？而這套辦法又剛好方便那些想針對關鍵問題或利害問題、發展共同智慧的大型團體搭個順風車。我們的這些發現，對於那些有心針對組織重要議題推動對話網絡的領導人來說，會有幫助嗎？

　　因為那次的對話經驗，世界咖啡館的影像開始浮現，成為一種核心象徵，帶領我們逐步探索那個雨天的種種啟示。因為那場集會，我們當中有許多人開始運用簡單的方法進行實驗。我們在不同場合舉辦世界咖啡館對話，彼此分享學習心得。

　　接著就在一個始料未及的情況下，我突然想到對話的重要性。它真的很重要！

世界是在共同認知下誕生的

　　當時我是某生命系統研討會的共同會員，這個研討會的背後贊助者是柏卡納學會（Berkana Institute），它專門在全球各地倡導全新的領導模式。也是會員之一的著名物理學家和生命系統理論家弗里荷夫‧卡普拉（Fritijof Capra），曾針對知識的本質發表一篇談話。弗里荷夫以他一貫的嚴謹、專業風格，和大家分享他從兩名智利科學家的研究成果所歸納出來的驚人發現。這兩名科學家分別是進化生物學家馬圖拉納（Humberto Maturana）和認知學家維里拉（Francisco Varela）。我無法詳細解說他們的創新研究所帶來的影響層面和其絕妙之處，但我可以和你分享其中一個觀點，因為我認為人們看待這個世界的方法以及我們所選擇的生活方式，都和它有直接的關係。

　　馬圖拉納和維里拉的研究成果再次重申，身為人類的我們，已經演化出共同對話的能力，以及藉語言來區隔各種意義的特殊能力。這種靠對話悠游於各種意義與情緒的天賦異稟，使人類得以彼此分享想法、意象、企圖和心得。自從我們的老祖宗圍著火堆取暖之後，對話就成了我

們用來表現關心、分享知識、想像未來，以及為後代生存著想所聯手合作的工具。

　　小團體裡的人把想法散播到更大團體裡，他們帶著思想種子展開新的對話，發揮各種創意可能，展開集體行動。整個過程系統分明地具現在因對話互動所產生的自我強化（self-reinforcing）和意義創造（meaning-making）網絡裡。馬圖拉納和維里拉指出，正因為我們活在語言裡——也活在因語言而形成的行動節奏裡——因此，我們能透過自己所參與的對話網絡去「催生出一個世界」。我們透過對話，具體呈現和分享自己的知識。從這個角度來看，對話即是行動——它是組織、社群、社會等社會制度的命脈與動力。當各種新的意義和行動節奏以對話為基礎，開始往外擴散時，未來於焉形成。然而這些未來也有很多條路可以選擇。馬圖拉納在國際組織學習協會（the Society for Organizational Learning）稍後所辦的一場研討會上，以這段談話直指核心：

　　　　我們人類的所有作為，都是在對話中進行……在我們的對話裡頭，各種新奇的東西不斷出現。一旦我們接受這些東西，與它們共存，新的生活領域於焉誕生！也因此，我們現在才會和這麼多叫做公司、利潤、收入等有趣的東西共同生活。而且我們非常喜歡它們……但同樣的，我們也不見得會被這些自創出來的東西給綁死。人類最獨特的地方就在於我們會自我反省，然後告訴自己：「哦，我現在對這件事沒興趣了。」於是改變方向，尋找另一條路。其他動物無法自我反省，因為牠們沒有語言。只有我們會把語言和對話變成生活的方式……我們享受這種方式，我們用語言互相擁抱，也用語言互相傷害。我們可以靠對話去擴大或限制語言的空間。這對我們來說很重要。我們就像所有生命系統一樣，在打造自己的路。

　　換言之，從人類演化的角度來看，對話絕非我們平常所做的瑣碎之

對話的力量

創意的源頭　　　正在成形的未來

發現新的意義

事。對話是我們人類用來合作思考和協調行動的核心流程。在人類的各種集體學習與共同演化活動中,具有生命力的對話過程絕對是其中的核心要角。對話是我們人類用來創造和維持——甚或改造——我們生活現實的一種方法。

　　我的好友兼同事維琪‧羅賓（Vicki Robin）是對話咖啡館（Conversation Café）的創始者,那是一種很創新的小型團體對話方式,常邀集市民到咖啡館或其他公共場所,探討重要的社會議題。最近她有感而發地告訴我,這種常讓人看不見的對話過程,是如何在日常生活中發揮作用的。

　　　我們會在心裡和自己交談,聊自己的過去、現在和未來。因為有了這種自我交談的經驗,我們才會和其他人談到自己的過去、現在和未來,再透過感想的交流,創造出個人和共同的可能未來。然後我們各自帶著這些自創的意義及各種可能,加入其他地方的對話,也許是家裡、工作場所、教堂、會議室、房間,甚至各地的權力殿堂。有個女兒對她父親說,她很憂心未來……結果公司的政策

改變了。有個父親對他女兒說，他很關心她的未來……
……於是從此展開全新的人生旅程。第一線的工人找老
板談……結果整座工廠被重新設計。市民們在公聽會
上作證……於是公共議題的優先順序有了改變。我們

> 然後我們各自帶著這些自創的意義及各種可能加入其他地方的對話。

在談話中造就這個世界。某種信號正在響起──它是一種共鳴的想
法，穿梭在各式對話裡──它道出我們的集體念頭是什麼。有些人
會為這個信號添字造句，於是對人類來說是全新可能的東西，開始
進入我們的語言，而語言正是創造意義的工具。我們從各種敘述當
中看見自己的影子──我們用頭腦在思考：「天啊！我從來沒見過
那種事，不過那倒也不假。」我們開始談論那件事……再一次為自
己打造出我們集體想像的東西。我們的時代精神與本質就是靠對話
打造出來的。

　另一個同事也告訴我一個很棒的故事，這故事足以證明我們的確有
辦法透過對話打造未來。故事一開始，是四個朋友在慕尼黑一位年輕女
企業家家中共進晚餐，他們一邊享用牛排和吉安地酒，一邊高談闊論，
這場餐桌上的對話在短短幾個禮拜內，竟演變成二次世界大戰以來德國
境內最大規模的運動之一。

　原來那天在晚餐桌上，這四個朋友只是一致決定他們要從「沉默的
多數」當中挺身而出，和近來不斷出現的新納粹主義分子攻擊外國人事
件劃清界線。等到他們吃完甜點，已經一致決定要各自號召幾個朋友和
同事，參加一場安靜的燭光守夜會，以突顯那些不公不義之事。他們的
第一次集會只吸引一百個人，地點是在市中心一家很受歡迎的酒吧裡。
會後，這些參與者都同意要再各自號召十個人，展開更大規模的二次集
會。結果短短幾天內，靠著在各企業、學校、教堂和民間團體裡熟人朋
友的運作，「燭光守夜的話題」在這座城市裡沸沸揚揚了起來。當那四
個發起人──以至於整個德國──看到慕尼黑有四十萬人共襄盛舉、參

加守夜時，簡直只有目瞪口呆四個字可以形容。

　　受到慕尼黑集會的影響，其他城市的居民也開始口耳相傳，並在接下來的幾個禮拜，陸續跟著舉辦守夜大會。結果漢堡市有超過五十萬人參加，柏林市有二十萬人，法蘭克福、紐倫堡和其他城市也都有十幾萬人參加。許多小型城鎮跟著紛紛加入行動，儼然成為一種全國性對話，而主題正是：你容不容許新納粹主義分子的行為？這種看似無休無止的燭光守夜串連活動，已經成為該國集體承諾的有力象徵，他們要向新納粹主義分子的不當行為勇敢說不，而這一切的源頭竟始自於一場對話而已。這件事還是發生在網路尚未普及之前哦！

對話是一種生生不息的力量

　　我很高興知道，馬圖拉納和維里拉相信未來可以靠對話的力量打造而成，也很高興聽到有這麼多化對話為行動的真實例子。這是我生平第一次感覺到，儘管這些前衛思想家的背景和我們不同，但他們也都不約而同地找到我和大衛從社會運動的個人經驗，以及世界咖啡館的早期實驗裡所嗅到的東西。當我們仔細觀察這兩名學者以及其他專業工作者所勾勒的畫面時，似乎能嗅到某種有趣的模式正逐漸成形。儘管從他們的觀點來看，對話可能只佔他們整個研究工程的一小塊拼圖而已，但如果把這些見解全都兜在一起看，便不難發現對話對我們的未來而言有多重要。我很願意讓你看看這張集眾人想法的拼貼圖，相信你也會感受得到當我們在大型牆板上一片片拼貼出全貌時的那份心悸與感動。請花些時間仔細閱讀後面文章，它們都是不同領域的思想領袖所發出的肺腑之言。相信你會發現他們的想法非常有啟發性！

我們的觀點決定我們的作為

　　如果你能換個角度，去看各種對話的力量與潛能，不管是家裡的對話，還是組織、社群或國家的各式對話，你想會有什麼不同呢？如果你能用實際行動來表現你相信你們之間的對話很重要，別人之間的對話也很重要，又會有什麼不同呢？對於身為父母、老師、基層領導人、會議策畫者、組織專家、社群成員或外交官的你而言，會因此而改變你在日常生活所面臨到的各種選擇嗎？

　　誠如馬圖拉納和維里拉所點出，我們活在自己想像的世界裡。「換個角度看事情」；想想看「改變角度」這句話的實質意涵。這些要求的確會讓人不安。然而就像密西根大學全球領導課程中心（Global Leadership Program）主任諾艾爾‧提區（Noel Tichy）幾年前告訴我的：「我們的觀點決定了我們的作為。」我們怎麼看待周遭世界？我們怎麼根據這些印象來行事？這些都有很大的關聯。

> 我們活在自己想像的世界裡。

　　雖然我們身處的這個年代早就認定，創造企業價值和社會價值的關鍵之鑰，是在於你有沒有能力創造新的對策和展開同步思考，但還是有很多人存有以下觀念：凡事最好「謹言慎行」；大部分人都是「光說不練」；我們應該要有「坐而言不如起而行」的精神。曾以百萬美元募款造福眾多開發中國家的社會事業家（social entrepreneur）里安‧崔斯特（Lynne Twist）則持有不同觀點。或許等你讀了後面幾篇故事和省思之後，就會認同她的觀點了。她說：「我相信我們不是真的活在這個世界裡，我們只是活在我們所對話的世界裡……正因為如此，我們才擁有至高無上的絕對力量。我們有機會去打造我們所談到的世界，進而打造出歷史。」作為主持人的我，現在要請你戴上一副新的眼鏡，就算只是為了讀這本書也好。請你用全新的目光去放眼瀏覽這一大片由「對話」構織而成的美景，它久候我們多時，需要我們的關懷與重視。從現在起，就讓我們活出不一樣的未來。

對話很重要！

學習型組織

真正的學習型組織，是一個有利於生生不息對話和行動一致的地方，它能創造出具有巨大能量的整合磁場，並透過對話去發現新的事實，再以行動彰顯這些事實。

卡夫曼和聖吉（Fred Kofman and Peter Senge）合著的《組織動力》（*Organizational Dynamics*）「全心奉獻的社群」（Communities of Commitment）

政治

民主始於人類的對話。任何公民若想為民主精神的復興盡一份力，最簡單又最無害的方法，就是和別人開始交談，請教問題，並相信對方的答案非常重要。

威廉・葛雷爾德（Willam Grelder）的《誰來告訴大家》（*Who Will Tell the People?*）

策略

要形成策略，前提是你得先創造出一種豐富、錯綜的對話網絡，它能貫穿過去曾受阻隔的知識孤島，將各種觀點以前所未見、始料未及的方式組合起來。

蓋瑞・哈默爾（Gary Hamel）所著的《搜尋策略》（*The Search for Strategy*）發表於《財星雜誌》（*Fortune*）

資訊科技

科技是在用一種更激烈、更急迫的手法點出對話的重要性。對話的速度越來越快，涵蓋的人數越來越多，再長的距離都能被縮短。在這些網路式對話的催生下，全新形式的社會組織與知識交流方式於焉產生。

雷克・李文等人（Rick Levine and others）合著的《破繭而出》（*The Cluetrain Manifesto*）

教育

在強調人類成長與開發的社群裡，改革似乎成了共同創造意義和知識時的必然產物——換言之，各種重要對話下的必然產物。領導人必須提出問題，集合眾人，展開對話討論……在學校、轄區等這類社會體系裡，一場好的對話，往往可以從此改變改革的方向。

琳達・蘭伯特等人（Linda Lambert and others）合著的《教育領導——建構論的觀點》（*The Constructivist Leader*）

知識經濟

對話，是工作者用來發掘自我知識、與同事分享知識，並在分享過程中為組織創造新知的一種方法。在新的經濟體裡，對話是最重要的一種工作形式……重要到竟化身為組織本身。

艾倫・韋伯（Alan Webber）的「新經濟有什麼新奇之處？」（What's So New About the New Economy?）發表於《哈佛商業評論》（*Harvard Business Review*）

家族治療

我們有沒有能耐改變，關鍵就卡在「那些從不明說的事情上」。而這種能耐是指我們必須用「語言」互相溝通；用語言去創造新的主題、新的說法和新的故事。唯有透過這個過程，我們才能共同創造和共同發展出完整的事實。

安德森和古里夏（Harlene Anderson and Harold Goolishian）合著的《家族過程》（*Family Process*）「人類的體系有如語言系統」（Human Systems as Linguistic Systems）

領導統御

談話對於主管的工作來說很重要……他們利用語言打造出各種新的可能，重新詮釋舊的觀點，引出新的承諾保證……這種主動積極的對話流程以及對人際關係的重視，就像是社會體系裡的核心基礎。

史利瓦斯文和庫柏萊德（Suresh Srivastva and David Cooperrider）合著的《肯定式管理和領導》（*Appreciative Management and Leadership*）

集體智能

對話是集體智能的重心。只有在良好交談的情況下，才有可能為彼此之間催生出更高的智能。

集體智能學會（Co-Intelligence Institute）湯姆·艾特里（Tom Atlee）所著的《民主之道》（*The Tao of Democracy*）

解決國際間的衝突

今天要面對的事實是：我們全都是唇齒相依的，我們必須在這個小小的地球上共生共存，因此不管是解決個人或國家之間的差異和利害衝突，唯一合理和明智的辦法，就是透過對話。

第十四世達賴喇嘛在布拉格（Prague）的兩千年論壇會議上（"Forum 2000" Conference）所發表的談話

執行力的開發

全新商業版圖的不斷擴張，以及全新組織形式的不斷成形下，我們領導能力的優劣與否，從此將取決於我們有沒有能力去主持和展開對話。

美國德州大學聖安東尼奧分校專業能力中心主任兼EMBA教授羅伯·藍傑爾（Robert Lengel, Ph.D., Director Center for Professional Excellence University of Texas at San Antonio Executive MBA Program）

對未來的研究

對話是新式探詢法的核心，它可能是我們人類在處理眼前挑戰時，所能用上的最佳利器。對話的文化是全然不同的文化，對世界的未來有舉足輕重的影響。如果我們能將重要的對話……和網路的互動普及結合起來，就能擁有龐大的力量，去展開全面的變革。

未來學會（Institute for the Future）的《好友當道》（*In Good Company: Innovation at the Intersection of Technology and Sustainability*）

對意識的研究

我認為要徹底改變意識本質，並非不可能，不管是從個別或集體角度來看都一樣。你可以從文化或社會層面來解決這個問題，但不管是哪個層面切入，最後還是得靠對話。這也是我們正在探索的地方。

摘自大衛·柏恩（David Bohm）的《談對話》（*On Dialogue*）

進化生物學

人類的存在，就是不管我們在對話中勾勒出什麼世界，我們都能在裡頭過活，即便這個世界就像人類物種一樣，最後會毀滅我們。事實上，自從我們以語言動物發跡以來，同樣歷史便不斷重演——換言之，你可以說整個歷史或者人類的存在，就是由不同對話網絡所構成。

馬圖拉納和維德佐勒（Humberto Maturana and Gerda Verden-Zoller）合著的《人性的起因來自於愛》（*The Origin of Humanness in the Biology of Love*）

問題的反思

• 想想看有哪些對話正在你的家族、組織或社群裡進行。這些對話常因人們的半途而廢而帶來嚴重的挫折感嗎？抑或帶來全新的共同領悟和合作方式？

• 如果你同意對話的確是取得集體智慧和共同打造未來的核心流程，那麼你在處理對話時，尤其是面對自己所關心的議題時，會有什麼不一樣的作為？

• 選定一場即將展開的對話，這場對話對你的生活或工作來說很重要。如果真是如此，你會為了改善這場對話的品質，而特意去做什麼事？或做出什麼選擇？

對話有如一種核心流程：
共同創造企業和社會價值

要在新的經濟體裡做好管理，不只得改變程序，也要改變心態……對話是工作者用來發掘自我所學、與同事分享所學，並在分享過程中為組織創造新知的一種方法。在新的經濟體裡，對話已經成為最重要的工作形式。

艾倫·韋伯的「新經濟有什麼新奇之處？」
發表於《哈佛商業評論》

如果對話真的是成就事情之道呢？

　　以下兩則故事都是現實生活中的例子，可用來證明不同環境下的領導人，是如何利用世界咖啡館的觀念去推動重要的對話，創造企業與社會價值。

打造出一種匯談的文化：
坦帕灣，科學工業博物館

歐斯崔寇和史提爾口述

威特・歐斯崔寇（Wit Ostrenko）是佛羅里達州坦帕灣（Tampa Bay）科學工業博物館（Museum of Science and Industry，簡稱MOSI）館長。弗列德・史提爾博士（Fred Steier, Ph.D.）是南佛羅里達州大學溝通學教授，也是MOSI學習中心（Center for Learning）的研究員。MOSI是該地區重要科學中心，每年訪客高達八十萬人。這則故事在告訴我們，這家博物館是如何以世界咖啡館對話和對話式領導為基礎，去重新界定該館和內、外社群之間的關係。

　　我們已經把MOSI設計成一家學習型對話中心。我們不希望它只是供人走馬看花、無法雙向交流的科學中心，因此我們努力發揚「實際動手學習」的精神，這不只是為訪客好，更是為了我們自己好。我們該如何像個大家庭或社群一樣展開共同學習呢？對我們而言，我們的學習成果都是從對話中得到的——和董事會對話、和員工對話、和更大型的社群對話，以及和其他科學博物館或協會交談。

　　這座博物館本身就像一個世界咖啡館，每場展覽都是一張咖啡桌。大部分的人都是結伴前來參觀展覽，因此本來就會在參觀過程中有私下的對話，或形成共同的心得。當他們從某個展覽走到另一個展覽面前，開始和不認識的人對話時，便構成了一張活的對話網絡。他們分享彼此的想法，就像世界咖啡館裡的實際活動一樣。由於我們的訪客有很多老年人和小朋友，因此整個對話是跨世代的——他們在自然的情況下互相學習，交換想法。

　　其實我們不是只靠比喻的方式來套用世界咖啡館的概念，我們也會

確實利用咖啡館的流程去處理許多重要問題。我們發現到咖啡館的做法，對我們的內部員工、整個專業社群，甚至於一般大眾來說都太重要了，因此我們現在都是靠咖啡館的運作方法，在思考自己在社區公共機構上的角色扮演。

我們第一次開辦咖啡館對話，是在董事會的閉門會議上。大家本來以為那又是一場無聊的董事會，沒想到快開完時，有好幾個人都以近乎道歉的口吻對我們說，這是他們有生以來第一次和別人真正好好交談過。世界咖啡館有助建立人際關係——不僅是董事會成員之間的關係，也包括博物館和董事會的關係，而董事會正是當地社區的代表。

董事會常得負責募款。如果事前做過共同的討論，讓董事們知道募款的原因，通常那次募款成績就會特別好。舉例來說，在某次的董事會咖啡館（Board Café）場合上，大家發現到博物館並沒有為社區裡的藍領階級家庭，提供免費進館參觀的獎助學金。其實這些藍領階級家庭並不窮，但要他們花錢買14.95美元的成人票和10美元的兒童票進館參觀，卻是一筆很大的支出，因此他們很少來博物館。於是，募款協助藍領階級和其他低收入家庭免費入館參觀，就成了董事會的首要任務。拜那場董事會咖啡館的點子之賜，我們很快募集到一百萬美元。從此以後，無法負擔票價的人都能免費入館參觀。

我們還利用咖啡館對話，開發出各種「可行動的知識」（actionable knowledge）。意思是，不管從咖啡館裡想出什麼點子，我們都希望它是可以付諸實行的。舉例來說，2003年中，我們發現自己預算不夠，無法負擔員工薪資，恐怕得裁員，於是我們找來三十名左右的員工，舉辦一場世界咖啡館，請大家共商對策。

那次舉辦咖啡館的目的，是要想出幾個新的開源辦法，目標是十七萬五千美元。會前我們一點頭緒也沒有，沒想到卻在咖啡館裡想出了價值相當十八萬美元的開源點子。其中最勁爆的點子之一，是舉辦遊戲王大賽。當時在場人士幾乎沒有人聽過遊戲王這種東西，只除了少數幾位

已經升格當爸媽的員工，知道這種遊戲有多受歡迎，因為他們的孩子每天都在看遊戲王的電視節目。是他們向其他人大力鼓吹，於是我們當場同意了這個點子和其他點子。結果你知道怎麼著？在我們真正落實這些點子之後，2003年會計年度盈餘竟然還有二十六萬七千美元！

　　究竟是誰在領軍主持那場咖啡館對話呢？會中的領導人可都沒有主管頭銜哦！因為只要有好點子，知道如何做最大開源，又能在某種程度上完全吻合該館使命與價值的人，就是當天的領導人。而那天也真的出現了好幾位英雄！咖啡館對話使人們有機會展現平常不為人知的長才，他們本來是夜間和周末的工作人員，再不然就是導覽人員。在這些平常「隱姓埋名」的工作人員當中，突然有人提出大家一致認同的絕佳點子，這種感覺很棒，也間接幫忙增進了MOSI這個包含董事會和員工在內的合作性社群彼此之間的感情。

　　於是這成了我們的慣例，只要我們覺得有什麼問題得靠大家共商對策才能解決，我們就採用這種做法。此外我們也注意到，隨著大家在咖啡館流程上的經驗累積，會後成果也變得越來越豐盛。我們發現到，我們可以透過不斷的學習，使自己成為咖啡館裡更好的點子提供者。隨著經驗的累積，我們製造出更多可行動的知識和集體智慧。譬如，咖啡館目前正在幫我們發想一些有創意的課程點子，希望能為今年的會計年度帶來七十五萬美元的淨收入。這對一家經濟不甚穩定的公共機構來說，可說是前所未聞的創舉。

　　咖啡館的概念，也讓我們有機會深入探索遊戲與學習這兩者之間的關係，而它也是MOSI的核心使命。如今這種創意和點子交換的作風，也開始出現在其他場合，就算沒有舉辦咖啡館對話，大家在做法上也頗具「咖啡館風」。譬如我們把世界咖啡館的概念做了很創新的運用，我們舉辦了好幾場由訪客或潛在訪客（包括老年人、少數族群社區成員和兒童）所參加的咖啡館對話，請他們共同設計展覽內容。這套辦法為我們建立起一個真正的社群，曾參與其中的團隊都覺得很有成就感——因

為這些展覽就像是他們懷胎十月生下來的寶貝。MOSI不再只是一個以科學價值為主的社區司令，反而比較像是社區成員們的夥伴，可以陪他們一起發現集體知識，甚至找到對科學的興趣，因為以前他們根本不知道科學其實就是一種知識。

現在我們開始把觸角伸向當地以外的相關學會。舉例來說，威特和巨型螢幕戲院協會（the Giant Screen Theater Association）的成員們，合辦了一場可容納四百人的大型咖啡館對話，也和科學技術協會中心（Association of Science and Technology Center）的國際董事會合辦另一場咖啡館對話。這兩場集會都能幫我們找出真正的問題，排定解決問題的行動優先順序。咖啡館對話就像是一種好的病毒，其擴散程度已經遠遠超過我們的預期！

故事

一路雙贏到底──賽諾菲聖德拉堡公司

伊凡‧巴斯第昂口述

當時我正在找一種方法，想讓全體員工共同思考企業的未來。我試過各種不同辦法，但都無法真正刺激我們的員工思考。我希望找到一種可以同時兼顧情感、理智與帳本盈虧的東西。對我而言，咖啡館對話似乎可以整合這三種要素，於是我決定放手一搏，實驗看看。

那時候，我們正在策畫一場慶功會，慶祝我們業績首度突破一億美元，這是個相當可觀的成就！我請大衛‧伊薩克到多倫多主持咖啡館對話。為了籌備那

伊凡‧巴斯第昂（Yvon Bastien）曾任賽諾菲聖德拉堡集團（Sanofi-Synthelabo）加拿大分公司的總裁兼總經理。賽諾菲聖德拉堡集團是一家以巴黎為總部的全球製藥公司，主要業務是研發可治癒疾病的新藥物。賽諾菲聖德拉堡集團在全球一百多個國家都設有分公司。這則故事旨在說明咖啡館對話如何協助加拿大的賽諾菲聖德拉堡公司創造永續的企業價值。

場一月份的策略活動，我們的十六人設計小組全員出席。我們希望能為那場活動營造出一種慶功的氛圍，同時也希望加拿大公司的全體員工，能直接在會場上針對企業的未來，展開和策略有關的對話。設計小組咖啡館快結束前，大衛請教大家的感想：「你們覺得如何？」他們的回答是：「太棒了！咖啡館對話特別適合十到二十人的小型團體會議，但如果是兩百五十個人，恐怕就不行了。」但大衛再三向他們保證，人越多、效果越好。因此我們決定試試看，但還是有人很懷疑。

　　沒想到一月份的策略咖啡館對話兼慶功會，竟然史無前例地成功，會中還想出一些有利企業前景的重要點子。世界咖啡館就是有辦法讓人們拋開身上層層的專業束縛，以最真誠的自我展開對話。這是我從每一桌的眼神和肢體語言中所看到的。後來因為有太多人很滿意那個月的咖啡館對話成果，於是也開始到外面自己舉辦咖啡館對話，處理各種企業議題。根據我們的估算，自從有了第一次經驗之後，後來幾個月內，又陸續舉辦了十七場咖啡館對話。一開始是有點生疏，因為我們都是現學現賣——而且老實說，要設計問題、要善用反思技巧、還要提供真正對話的空間，這些都不如想像中簡單。但我們還是感覺得出來自己正在駕輕就熟中，於是我就用我當總裁的「威嚴」，鼓勵他們繼續堅持下去。

　　後來我決定再往前推進一點，於是我問他們：「如果我們利用世界咖啡館對話來規畫長程的計畫，你們意下如何？」當時大衛很鼓勵我們試試看，於是我們找來二、三十個人（包括所有高階主管團隊，以及幾個還沒在這方面做過任何嘗試的年輕主管），舉辦好幾場以長程計畫為主題的咖啡館對話。我們一步步進行，最後竟然辦到了！我們成功了！我們從咖啡館作業中想出許多有利策略規畫的行動點子，內容創新又切合實際，而且得到許多人的認同。

　　於是我又說：「既然我們已經利用咖啡館對話去訂出三年的計畫，何不也用它來編列明年的預算呢？」此話一出，有人認為我太濫用咖啡館的概念了，但包括財務長在內的其他人則說：「好啊！那就試試看

吧！」於是我們根據那次從咖啡館對話裡總結出來的優先行動項目，展開隔年的預算編列，然後再以那些預算為基礎，算出預訂的投資報酬率和工作報酬率。結果我們意外地發現到，咖啡館對話的流程其實很適合用於財務作業。因為在某種程度上，世界咖啡館的結構等於會強迫你回到原點──心態歸零的原點──要你別被一些先入為主的觀念給左右，然後再選出幾個最被看好的點子，把它們和務實的會計條件整合起來。

　　對我而言，我要求的是咖啡館對話必須能切中企業的需求，達成企業所要的成果。但做生意這碼事，畢竟和我們居住的世界是密不可分的──在這個世界裡，除了組織之外，還有家庭和社區。我親眼見到咖啡館對話像膠水似地緊緊凝聚了所有這些環節。我們開始把咖啡館對話的概念運用在幾個有相關利益者牽扯在內的領域上。譬如，我們的業務行銷副總裁曾找過我們的企業夥伴，合辦了幾場咖啡館對話。我們還把咖啡館匯談運用在另一個長程計畫中，甚至打算進一步邀請外面的其他相關利益者一起參加──包括醫生、藥劑師、中風復原協會（The Stroke Recovery Association）的代表，甚至病人。

　　這些咖啡館對話使我們瞭解到，我們並不是只為自己工作而已。有一次策略咖啡館在結束前，展開全體的對話，結果竟意外出現感人的一刻，一名來自中風復原協會的成員提到：「你們有很棒的產品可以預防中風，為什麼不在你們的使命當中加進全加拿大都要做到零中風的目標呢？」此話一出，立即引起全場叫好，大家在剎那之間都有「沒錯！就是它！」的感覺。現在我們一看到病人、醫生和醫院，就會直接聯想到我們對社會的貢獻。世界咖啡館帶給我們的最大幫助就是，讓我們變得比以前更重視社會責任。

　　過去幾年來，我們一直是以兩位數字在巨幅成長中。我們不斷超越公司原來的預期目標。我不敢說這全是咖啡館對話的功勞，抑或自稱是因為我們在其他方面做了許多努力，其中有許多都是拜咖啡館作業之賜。但我敢肯定的一點是：世界咖啡館的確是一種最基本又獨一無二的

方法，因為在我的尋覓過程中，只有這套流程可以在企業架構裡，同時結合人的智慧與感動，這才是真正重要的策略性企業優勢。

對生意人來說，數字是用來衡量成功的標準。沒有數字，就沒有什麼好對話的；但如果不對話，又怎麼會有數字呢？這真的很矛盾。數字只是你力爭上游後的結果，而力爭上游的行動才是組織的命脈所在。你必須看組織的生命力有多旺盛？員工之間如何互動和對話？──他們的關係好不好？這些才是組織價值創造能力的構成因素。如果你的衡量工具只有數字，又怎能衡量出組織的價值創造能力呢？

其實除此之外，還有別的指標可用。當我看見員工們變得勇於參與企業決策；不吝冒險；願意把問題攤在桌上；不怕公開討論或展開行動時，我就知道我們已經慢慢成功。因為如果你把第一次咖啡館對話的所見所聞拿來和第十次作比較，你會發現大家變得越來越有自信──不管問題是什麼，我們都有辦法解決。

當然這中間也難免出現挑戰。我相信從咖啡館對話裡所產生的集體思維與知識具有極崇高的價值。然而在此同時，我們也必須找到更好的方法，讓咖啡館對話的心得與後續的行動規畫可以接軌。我們必須確定何時可以進入執行期，這樣一來，我們這些領導人才不會走回以控制作為手段的老路。

對我而言，咖啡館對話是對員工的一種尊重，也是對員工貢獻能力的一種尊重。咖啡館匯談就像高速公路的入口匝道一樣──你因為在對話中說出了自己的看法而進入車流，然後你突然開上那條「企業自然進化」的高速公路。其實我打從心底相信，咖啡館對話就像一種生命的承載體。我喜歡看見人們甦醒過來──也同時看見我自己甦醒過來──因為關心我們的企業而甦醒過來。世界咖啡館很適合個人、很適合社群、很適合各種相關利益者，它會一路雙贏到底。

透視與觀察

當湯姆・強森（Tom Johnson）第一次走進我們家大門時，我必須承認我以前完全把他刻板化了。我以為他是那種只重數字的人。畢竟他是有名的會計學教授，曾寫過一本觀念獨具的管理會計著作《關聯損失》（*Relevance Lost*），書中內容對全球的會計衡量系統影響甚鉅（1991）。然而當他在智慧資本匯談（也就是催生世界咖啡館的那場對話）的咖啡桌上第一次開口時，我簡直目瞪口呆。他說，他一直在找一種新的方法，去思考績效、衡量、價值創造和成果這幾件事。湯姆很擔心領導人又會把他在作業成本制方面的著作，拿來當成另一種達到短效財務目標的工具，反倒沒能好好培養可以永續經營的企業和社會價值。

湯姆利用以下幾個問題請教在場來賓：我們所重視的那些成果，究竟該歸功於財務和績效目標的得宜？還是該歸功於人與人之間的關係，以及他們的共同作業和思考模式呢？如果組織是有生命的系統，那麼它會利用什麼樣的核心流程，來模仿自然界裡的模式呢？做為領導人的你，會把注意力和重心放在生命系統的哪個部分？在全球首場的世界咖啡館對話中，這些鏗鏘有力的問題震撼了全場來賓，從此不斷迴盪在我們的腦海，並開始針對「對話」這個核心流程展開研究。

關於方法和目的

湯姆後來和他的瑞典同事安德斯・布羅姆（Anders Broms）合寫了另一本觀念獨創的著作《無法衡量的利潤》（*Profit Beyond Measure*），內容就是在談以上那些問題（2000）。它以大量的研究為基礎，鼓勵領導人將重心從成果式管理（management exclusively by results，簡稱 MBR）轉移到「方法式管理」（management by means，簡稱 MBM）——換言之，組織要靠人際關係和各種過程，才有能力展開學習、適應

環境變遷、創造有利長期績效的所需知識。湯姆和安德斯指出,由於我們常把「目的」(財務指標與績效目標)和「方法」(用來達成這些目標的過程和實務作業)分開來看,而「目的」看起來又比較具體和「實際」,因此較受到重視。但湯姆和安德斯卻告訴大家:方法和目的是如何同時形成。他們主張:「經理人的任務是:不要再把成果當成一種你只要瞄準得宜,便保證一定擊中的目標。之所以有成果,是因為你對整個系統模式的作業十分精通。換言之,該管理的是方法,而不是成果。*方法是終極之道。*」(2000, p. 50,斜體字部分是我加上去的)。

　　湯姆‧強森的研究強烈影響我們對對話的看法,對話的角色就像一種核心流程,也是一種建立關係、分享知識和創造價值的基本「方法」。當我們在和湯姆及湯姆的夫人 —— 著名的教育家伊蓮‧強森(Elaine Johnson)—— 共同探索這個想法時,我們才發現到在世界咖啡

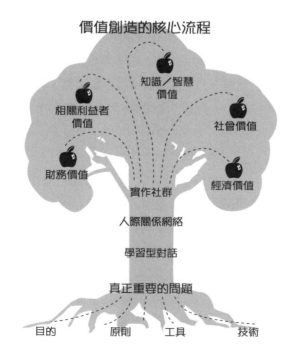

價值創造的核心流程

館的幫忙下，這整個自然的過程可以變得更具體、更真實，甚至更好行動。套句伊蓮說的話：「我們的意思是，對話是最基礎、根本和不可或缺的方法。只不過你對這些對話的看待和架構方式，勢必會影響最後的成果如何。」湯姆補充道：「如果對話被看成是一種建立組織績效的核心方法，那麼組織的成就如何，就得看領導階層對對話的處理方式來決定了。要是有人說：『對話的意思就是閉上嘴巴，不要說話，等別人找上你的時候再說；或者不准講話，除非老闆准你說。』下場可想而知。但如果對話是像世界咖啡館那樣，結果又不同了。」

我們可以用一幅簡單的圖來說明在我們的想像裡，這種價值創造的核心流程是如何運作的。

誠如我們的樹狀架構（價值創造的核心流程）所示，真正重要的問題會刺激和帶動學習型對話，而這些對話會鞏固人際關係的網絡和實作社群，然後組織再透過實作社群去孕育出甜美的工作果實。然而這中間最困難的挑戰是，整個核心流程是隱形的，沒有清楚的焦點，而且領導人很少會利用它來創造永續的企業價值和社會價值。

有話先說，再去幹活兒（Start Talking and Get to Work，

譯註：這剛好和「廢話少說，先去幹活兒（Stop talking and get to work）」完全相反）

對多數領導人來說，要他們把重心放在人與人的對話上，甚至把它當成一種可用來達成目標的重要組織手段，恐怕得先幫他們徹底洗腦（把「視對話為一種表面活動」改成「視對話為組織最珍貴的資產之一」）。你只要實際體驗過世界咖啡館對話，就比較容易能把組織或社群看成一種自然成形的動態「咖啡館」，能更主動地和這些經常隱而不見的對話網絡及社交網絡合作，因為它們才是組織績效的背後推手。

我們在這裡先暫停一下，就像我和麻省理工學院的彼得‧聖吉及其他主管們參加咖啡館集會一樣，我們都會先暫停一下，思考以下這個問

題：如果組織裡的重要知識，真的得靠對話網絡和個人關係才能創造出來，那麼這對策略的形成、人員的培訓、科技基礎建設、工作空間的規畫設計，甚至對於身為組織成員或領導人的你，在行動作為上，會有什麼改變？

　　我永遠忘不了那個六呎四吋高的德州佬那天的大嗓門，他是某大型跨國汽車製造商的全球營運首腦，旗下有五萬多名員工。當時他就是在苦思這種心態的改變會造成什麼影響，沒想到他突然平地一聲雷地大吼道：「該死！你知道我剛做了什麼嗎？」大家不約而同地望著他，我屏息不敢出聲。「我才剛重組整個全球營運系統。我解散了學習型社群和那些花了多年才建立起來的對話網絡，現在又得重新復原，這下恐怕要花很久的時間了！」他那發自肺腑的心聲，當下引起眾人的熱烈討論，大家都在談領導人該怎麼做，才能在組織裡更有效地運用如核心流程一樣的對話網絡。

坐而言和起而行之間的關係

　　要重新看待對話這個角色，最需要的轉變之一是，我們必須重新檢視傳統觀念，而這個觀念是：坐而言和起而行是完全不同的兩碼事。在丹麥舉辦的咖啡館對話，就曾針對這個議題作過熱烈討論。其中一名成員建議我們改變這種傳統觀念，把坐而言和起而行看成是一體的兩面，而不是互無關聯。要是對話還正熱絡緊要的時候，你就展開行動了，那會怎麼樣呢？如果它完全推翻了我們西方人線性思考過程，換言之，在做完討論和心得結果之後，不見得就是行動的規畫與執行，又會如何呢？

　　就像他說的，或許這整個過程都屬於一個行動循環下的某部分而已──反思／見地／收成／行動規畫／執行／回饋──而對話卻是這中間每個步驟的核心流程。我們發現到，當人們很在乎自己所研究的問題時，而且當他們的對話正熱絡時，就會自動組織起來，去做該做的事，

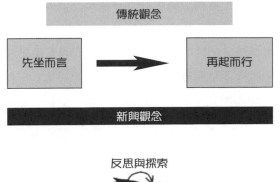

坐而言和起而行之間的關係

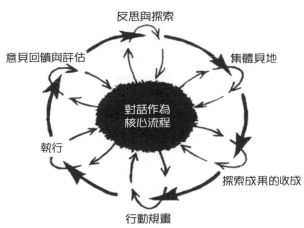

他們知道誰重視什麼議題，誰負責下一步動作。我那八十四歲的老母親做了一輩子的組織工作，或許她的見地才是對的。她曾若有所思地說道：「你知道嗎？其實對話就是行動。不管你在思考什麼，不管你有什麼感想，除非你表達出來，否則都不可能『成真』。只有說出來，它才可能發芽茁壯，其他人才會聽見，開始感受到它的存在，於是你們有了共同的想法——如果這個想法夠重要，自然就會有後續的動作。」

　　世界咖啡館的主要設計目的，是要促成知識的集體分享、為個人關係打造網絡，以及促進可能行動。咖啡館匯談可以為比較傳統形式的行動規畫作好準備，這種準備通常出現在匯談的後半段。加拿大賽諾菲聖

咖啡館匯談可以為比較
傳統形式的行動規畫作
好準備。

德拉堡公司的伊凡‧巴斯第昂曾提出一個問題，這問題對
於那些正重新認識坐而言和起而行這兩者關係，以及正試
圖把對話視為核心流程的領導人來說，是一個很重要的問
題：「我們該如何為正在進行中的行動規畫和執行作業，
創造一種對話過程？這種對話過程所產生的活力與生氣，就像世界咖啡
館為策略性思考和集體見地所帶來的效果一樣。」對於那些相信自己必
須「有話先說，再去幹活兒」的人來說，這倒是個可以好好探索的問
題，因為我們也在思考如何發展創新的對話過程，讓整個行動自始至終
（從初始的探索，到執行完成）都能充滿生氣。

通往匯談的入口：走進一座公共天井

要進入匯談，領教「匯談」的核心流程力量，看它如何創造各種創
新的可能及全新的未來，世界咖啡館絕不是唯一的入口。面對這門豐富
的領域，我的印象其實是來自於我十幾歲時，和我養祖母一起生活的經
驗。當時我們住在墨西哥恰帕斯省的小鎮裡，每次穿過木雕大門回家
時，第一個進入眼簾的，一定是一座綠意盎然的大天井，裡頭花木扶
疏，九重葛搖曳生姿，中間還有一池噴泉。你可以從天井四周的任何一
個拱形入口，進入這個坐落在房子中央、處處花團錦簇的公共空間。

對我而言，要進入真正的對話，就好像進入我們人類居所的中央天
井一樣。世界咖啡館只是其中一個重要入口，它給了你機會走進這處有
著無限可能的天井空間。無論是策略性匯談、原住民議會、聊天沙龍、
智慧圈、市民審議會、婦女社交圈、學習圈、波西米亞式對話團體、肯
定式探詢法（Appreciative Inquiry）、開放空間法（Open Space）、未來探
索法（Future Search）、公共審議模式，以及來自別種文化和歷史淵源的
其他對話方式，都曾為此經驗留下生命的見證。我非常鼓勵你多看、多
聽不同的匯談辦法，找到幾扇最符合你個人生活經驗、需求及作風的對

話大門，再運用自己的創意和想像力，讓自己在生活上和工作上都能成為對話中的稱職主持人。

接下來，我們會把重點擺在世界咖啡館背後的理論和練習上。下面會先介紹世界咖啡館的七點設計原則，緊接著後續幾章會進行深入探索。這些原則簡單好用，不管你是否決定舉辦正式的咖啡館活動，你都可以從這套辦法中學習和體驗到對話的力量。

如何帶動有如核心流程般的對話

以下七點整合過的世界咖啡館設計原則，曾歷經多年研究，是駕馭對話，提升企業與社會價值的最好利器。現在就讓我們快速瀏覽一遍這些設計原則：

為背景定調：先釐清目的，為對話範圍訂好界線。

營造出宜人好客的環境空間：在環境佈置上，一定要給人賓至如歸的感覺，讓人有安全感，好讓大家放鬆心情，相互尊重。

探索真正重要的提問：把共同注意力集中在幾個有力的提問上，以便集思廣益。

鼓勵大家踴躍貢獻己見：鼓勵大家參與及踴躍發言，活化「我」和「我們」這兩者之間的關係。

交流與連結不同的觀點：保持聚焦於重要提問，盡量增加各觀點的連結方式與密度，充分發揮乍現中的充滿生命的系統動力。

共同聆聽其中的模式、觀點及更深層的問題：集中所有注意力，在不抹煞個人貢獻的情況下，找出思想的連貫性。

集體心得的收成與分享：讓集體性和有利於行動的知識與領會得以現形。

如果你想靠一些別出心裁的方法，去帶動真正的對話，而且你的目

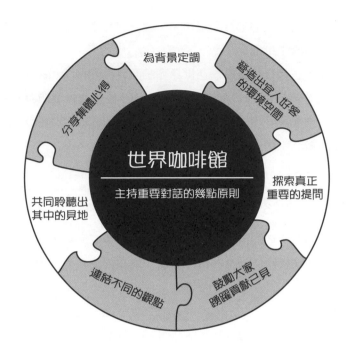

的是為了共同思考和創造可行動的知識，那麼以上那些簡單的設計原
則，可以在整合運用的情況下，成為你有用的指南。

問題的反思

- 如果在你的組織或社群裡舉辦對話，成員們就會主動把對話視作為有
  助創造企業或社會價值的核心流程嗎？他們的相信度和配合度有多
  少？

- 如果你已經開始相信對話的確是組織裡共同創造價值的基本手段，你
  的工作方法會有什麼改變呢？

- 你有哪些實際辦法，可用來改善家族、組織或社群裡的成員對對話的

看法，讓他們相信可以靠對話的力量，去創造有利的成果？也許是有形成果（譬如新的點子），也許是無形成果（譬如信任、尊重和歸屬感）。

第 3 章

原則一

為背景定調

所有思考和學習，都是在某種背景下發生。為了創造
意義，理智會試圖找出背景。

艾德・克拉克（Ed Clarke）
教育學家和《整合式課程的設計與執行》
（*Designing and Implementing an Integrated Curriculum*）一書作者

要是背景真就像是集體意義所流經的河岸呢？

故事

DE CONGRESO A CONVERSACION
（西班牙語的意思是「從正式會議到對話」）：
墨西哥公益事業全國基金會

卡羅斯‧蒙他‧馬甘口述

卡羅斯‧蒙他‧馬甘（Carlos Mota Margain）是我很久的老同事了，他曾為墨西哥境內的企業、大學、非營利機構和政府單位引進咖啡館辦法，討論過的主題繁多，譬如情境規畫、願景勾勒、青少年發展，以及不同相關利益者的參與方法。為咖啡館的目的和流程做背景上的適當定調，可使成員們遵循共同的參考架構。這則故事是在說明卡羅斯如何同步協調，為一場攸關社經發展的重要官方會談，創造有利的背景。

我很高興能和你們一起分享我的經驗，因為它一開始看起來有點麻煩，但最後卻有很好的成果。當時是公益事業全國基金會（the National Fund for Social Enterprise，簡稱FONAES）的策畫執行長蘿拉‧瑟圖恰（Laura Certucha）找上我，這個基金會隸屬於經濟部（Ministry of Economy），是墨西哥境內倡導「社會經濟體」（social economy）的主要推手——換言之，這個經濟體會考量到社會和社群需求，也會考慮單純的經濟因素，好改善人民的生活，尤其是弱勢族群的生活。這類因素包括微型企業（microenterprises）、合作社和其他地方開發事宜。

當時蘿拉正在策畫一場正式的congreso，也就是西班牙文「正式會議」的意思，主題是正在興起的社會經濟體。起初只是要集合全球各地的一流專家，請他們與重要政府官員共同分享他們對社會經濟體的研究成果與經驗，而這些官員大多來自於經濟部和社會發展部（Ministry of Social Economy）。我曾在墨西哥參加過很多會議，大部分的會議都很正式，而且結構嚴謹，不是請來主講人，就是由專家展開小組討論會。有時候也會有即問即答的時間，但一般來說都是單向的資訊分享，鮮少有讓主講人與觀眾或現場來賓真正交換意見的機會。

蘿拉和我談到該用什麼方法才能在墨西哥這史上千載難逢的一刻，

真正領會到社會經濟體的潛在機會？這時我們突然想到一個點子。我們為什麼不改變這場盛會的背景？把它從正式報告的方式換成探索的形式？何不把congreso（西語：「正式會議」）變成foro（西語：「一種互動式的論壇」）。這樣一來，我們才能有真正的學習型對話──每個人都能參與。沒錯！我們是可以從各國專家的口中聽到最新的觀念，但我們也可以利用這三百名與會者的智慧與經驗，去好好思索墨西哥特有的背景與現實需求。屆時大家可以一起想像要靠哪些革新做法，來創造一個能同時兼顧社會與經濟利益的全新經濟體。

　　我由衷希望能幫忙創造一場活力四射的盛會──這種內化的活力，不是只出現在少數人向多數人傳達觀念或知識的過程中。要做這樣的改變，當然得先徵求FONAES主管們的同意。令我訝異的是，他們竟然不反對！不過我猜大家還是有點擔心，畢竟這是一種史無前例的做法。我們必須想辦法先讓這些大官們實際體驗一下這種新式的「咖啡館」辦法。於是我建議蘿拉可以先辦一場迷你型的世界咖啡館對話，請十二名FONAES的高階主管參加。在這場只有三回合的迷你型咖啡館對話中，我們只討論一個主題：「這場foro可以為FONAES的整體未來創造什麼樣契機？」在那次的迷你咖啡館對話中，當然出現了許多有趣的構想。我們將其中的重要見地記錄整理，交給這十二名主管傳閱，結果在高層之間引起眾人對foro的廣大迴響與討論，也間接幫助我們和這場盛會的領導高層建立起良好的合作關係。然而除此之外，我們還有許多細節部分得再加把勁！

　　我們知道要改變傳統做法，必須先事前謹慎規畫，並且付出許多時間方能辦到。我們的核心策畫團隊四個月來每週開兩次會。我們並不在意工作是不是辛苦，畢竟能嘗試全新不同的集會方法，是一件既有趣又刺激的事。

　　我們要做的第一件事是列出邀請名單。既然已經改變想法，不再將它定義為單向式的專家資訊分享會議，那麼與會者的資格認定自然也起

了變化。如果我們想要有豐富的對話和各種創意思考，當然不能只顧邀請政府機關的相關人等，也必須找商業人士、農民、非政府機構代表、研究調查專家和教育學家——換言之，相當於整個社會的縮影！這一點很重要，因為我們知道任何一個相關利益團體都不可能單靠自己的力量，想出足以解決各種社會問題的創新對策。

此外我們的邀請方式也必須別出心裁，才能彰顯出這場盛會的與眾不同——在這場特殊的集會裡，每個人都可以為墨西哥未來的社會經濟體踴躍發言。因此我們會為可能前來的每位與會者致上一份貼心的邀請函，在邀請函上寫下這場集會的目的：「只是想創造一個有利反思，有利交換全國與全球經驗，和有利知識生生不息的空間，希望能藉此為墨西哥和全球各地的社會經濟體盡一份力。」

我們還設計了一種特殊符號，來象徵這場聚會所使用的是截然不同的流程。這個符號的意思是：知識的來源很多，但只有在對話中，才能激發出各種創見與智慧。

與會者回函速度之快，著實令我們吃驚。在墨西哥，大家都以為這種會議通常會發出很正式的邀請函。但我們卻改變作風，採溫馨路線，所以即便是以電子郵件發出邀請函，也引起許多人的興趣，包括世界銀行（the World Bank）、西班牙蒙德拉貢生產合作社（Mondragon Cooperatives）、法國沛豐公司（PlaNet Finance）等代表。另一件重要的事情是，我們事先就幫這場集會的背景定好調了，這樣一來，這群專家才會知道他們來這兒的目的，不是只發表演說而已，也會從會議過程中學到許多東西。我想這一點讓許多人都很訝異，至少是好的方面。

然後我們還必須協調這場盛會的若干外在因素。我提議我們可以用咖啡館的方式去貫穿整場座談會，但FONAES的一名主管擔心這恐怕太悖逆常軌。最後協調成：早上先在禮堂裡發表幾篇重要演說，再請幾位演說

知識的來源很多

者組成一個小型的匯談圈，中間安排一位主持人，請他們在觀眾面前直接展開意見的交流與學習。這個由專家組成的匯談圈，是下午咖啡館對話正式登場的會前暖身賽。午餐過後，我們會轉移陣地到其他房間——正式展開世界咖啡館——所有與會者將齊聚一堂，根據早上的心得發現，進行重要問題的探索。

我們應該在咖啡館裡提出什麼問題，這一點也很重要，因為它可以讓與會者瞭解我們的工作背景。事實上，我們也為核心策畫小組安排了一場簡單的工作會報，目的就是要為咖啡館擬出重點問題。這對FONAES的內部來說很重要，因為你是在重新定調背景，將它從傳統的專家開講模式，轉變成以問題為主的另類模式，所有與會者都要能發聲，和提供自身的經驗與知識。舉例來說，我們擬出的其中一個問題是：撇開學術或技術上的定義不談，對你個人而言，社會經濟體的真正意義是什麼？我們甚至把咖啡館會提出的問題，事先送給演講人和主持人，好方便他們準備早上的演講內容，和下午咖啡館登場前的匯談內容。

只不過在為這種對話性集會佈置場地時，仍不免碰到一些麻煩事。首先，我們必須更換飯店，因為我們需要彈性更大的空間——這個空間既要舉辦咖啡館對話，還得方便我們舉辦各種社會經濟計畫的學習成果展，目的就是要活絡與會者的思緒，帶動他們之間的對話。再者，墨西哥的飯店只提供十人座的宴會桌，因此我們必須另外租借小一點的桌子。至於其他細節還包括：得找到彩色簽字筆、小花瓶、鮮花⋯⋯這些聽起來可能是小事，但你必須知道，我們面對的是墨西哥的政府機關。FONAES的財務部門從沒聽過開會需要用小桌子？需要有花瓶插花？還要有白紙製成的桌布？用杯子裝彩色簽字筆，好供數百人使用？我們只能不斷協調，還好他們的思想也算開通，大部分東西最後都過關了。

終於等到那天！我個人認為咖啡館的開場白，也和事前的背景定調工作一樣重要。我發現我們有必要協助與會者瞭解什麼叫做正確的「咖

啡館做法」，要不然他們會很難改掉傳統習慣。我提醒他們當初接受的是什麼樣的邀請——他們是被邀請來參與對話，不是光聽別人的報告。此外我也告訴他們，在咖啡館匯談裡，每個人都是平等的，沒有地位高低之別，任何人的想法都有其意義和貢獻。我還告訴大家，每個人都有寶貴的經驗可以拿出來分享——即便是坐在重要政府官員和企業大老身邊的農民朋友。等我說完我們的作業方式之後，我請每個人找張新桌子坐下，好方便我們確認每張咖啡桌的來賓都能「調合」出最佳的經驗組合。至於FONAES的代表們則充當各桌的原始主持人，由他們來歡迎各桌來賓的光臨，讓與會者有賓至如歸的感覺。

　　我猜剛開始大家都有點緊張。第一回合的咖啡館對話一開始的時候，步調有點緩慢……但也只是幾分鐘而已。沒多久，大家打成一片，開始熱絡地交換意見。等到第二回合的時候，你已經可以感覺到大家都在好奇接下來會有什麼事情發生。他們喜孜孜地移動座位，結交新朋友。

　　等到三個回合的對話結束後，我們展開一場全體對話，不只邀請與會者分享心得成果，也分享彼此的心情——這場對話對他們個人而言有什麼意義？我們在現場聽見許多感人肺腑的心聲，尤其是那些草根人士的心聲，他們說他們很訝異自己竟然能和高官要員輕鬆對談。至於來自政府機關和企業界的高官要人們則表示，他們從少有機會交談的人士身上，學到許多重要功課。改變背景，讓大家不分階級權貴一律平等，這一招真的很管用！

　　當第二天的世界咖啡館快接近尾聲時，突然覺得我們好像在開墾一座大花園，我們把與會者和專家們所提供的意見當成養分放進土壤，再撒下我們的種子。到了第三天下午，整個會場的氛圍似乎有些轉變。大家變得比以前更具反省能力，而且現場感受到一股耐人尋味的活力、衝勁與深度。舉例來說，每當小組裡的某個成員說了什麼令在場人士動容的話時，整個會場便會陷入沉默。大家的心情已經從「哇！這個很有意

思、很有趣哦！」變成更深層的思考……思考每一句話背後的真正意義，以及它對未來可能造成的影響。在我眼裡，這些都屬於奇妙的片刻。

這次的集會捨棄了傳統習慣，改用不同的背景，這種冒險的做法最後會有什麼結果呢？首先，它創造出一種和congreso截然不同的氛圍。當我看到有這麼多人願意接受全新的構想交流方法，利用它們來改善自己的工作成果，為墨西哥的公眾福祉攜手合作時，我真的很感動。我可以想像得到這三百個人所集合起來的影響力。只要每個人都對新興的社會經濟體有一點點的心得，再各自帶進他們的人際關係網絡和機構中，所創造的力量將不容小覷。

至於說到實際成果，FONAES的主管曾告訴整個團隊，可以把從咖啡館對話得來的心得成果，悉數放進未來議程，作為該組織來年的努力目標。除此之外，第二次的國際foro也已排定就緒，它將延續我們第一次集會的結論與重點工作。馬可士・卡斯卓・山茲（Marcos de Castro Sanz）是參與過這場盛會的專家之一，也是西班牙社會經濟體聯盟（the Confederation for the Social Economy of Spain）的主席，他說這種學習經驗很不同凡響，很好用，希望能把咖啡館的辦法介紹給他的西班牙同仁，讓他們也懂得利用這種多層次思考和匯談的方法，去處理其他重要議題。

至於我從這場世界咖啡館所得到經驗與心得是什麼呢？我只能說當你改變背景，採用最簡單的互動方式，讓不同相關利益者跨越傳統藩籬，以平等姿態互相交談時，你絕對會對最後的結果感到驚訝不已。一開始只覺得是個很難的挑戰，但這一步險棋絕對值得你下！只要看到有這麼多來自不同社會和經濟背景的人士齊聚一堂，為墨西哥的未來共同獻策，這一切的辛苦就都值得了。

　　艾瑞克・沃格特（Eric Vogt）是線上學習社群的開山始祖，是他讓我和大衛首度見識到背景的重要性。背景提供了有助創造個別與集體意義的架構。幾年前，艾瑞克從他麻州劍橋的家中打電話給我。他說他最近剛看完我和大衛合寫的一篇文章，文中談到如何把組織當成學習型社群來建立（Brown and Issac, 1995）。他很興奮地告訴我：「我們一定要碰個面，做個朋友。我們的價值觀和想法實在太相近了！」但後來我們才發現到，其實我們早就見過面，也有過互動——只不過那是在三十年前，當我們還是十幾歲孩子的時候。我們都曾在墨西哥恰帕斯我養祖母家的那座天井裡跳過舞，當時艾瑞克的父親是哈佛人類學計畫（the Harvard Anthropology Project）的首腦人物。這個世界真的太小了！

　　艾瑞克最近寫了一篇和組織學習有關的文章，題目是「從背景中學習」（Learning Out of Context）（1995）。文章裡頭有一個簡單但重要的觀念（請看下圖），很方便我和大衛想像和說明背景的角色，它的角色就是去穩住、圈住、構成一場偉大對話的內容與流程。

背景的角色

　　背景是現況、是參考架構，也是周邊因素，若能整合運用，就能幫忙我們為自己的經驗創造意義。大部分的人並不習慣主動思考背景這件事，即便背景的存在對我們理智來說，是創造理解模式（patterns of understanding）的重要關鍵。整個大背景若和我們正在探索的內容，或正在使用的過程沒有清楚明確的關聯，我們就會無以適從，感覺不安。

　　為背景定調，意謂主動創造出彈性範圍，好讓整個團體在這個範圍裡展開同步學習。我都會把背

景想像成一條河的堤岸，它會幫忙疏通大量的意義，但不會操控它們。在策畫一場真正重要的對話時，咖啡館的主持人和策畫小組就是在扮演背景建築師（architects of context）的角色，他們會幫忙集中（絕非控制）內容，協助打造匯談的流程——不只在會前進行，也在會中進行。

目的

與會者

外在因素

為背景定調

前一頁那幅碗中有碗的插圖，可以幫助我們理解背景建築的元素，這些元素關係到咖啡館對話的建立。我們發現到，若想為咖啡館對話的背景做適當定調，一定要注意三個元素：目的、與會者及外在因素。乍看之下，這三個元素好像很簡單，但其實卻互為因果，互有關聯，它們共構出一套系統，圈出和形成整個對話。它們是讓對話經驗「得以連貫但不受約束」的基本元素。

咖啡館主持人要花多少時間和心力在這些背景元素上，得視集會的規模和複雜性而定。卡羅斯的墨西哥foro屬於大型活動，所以需要相當程度的事前策畫作業，也需要在會場上直接為背景定調。至於較小型的咖啡館集會，可能只需要一場策畫會議，便可搞定這三種元素。然而不管如何，主持人都知道在策畫咖啡館集會時，一定要考慮到這三種元素，即使只是簡單帶過。這樣一來，就能在咖啡館的集會現場，將這些和各元素有關的層面當成背景結構的一部分來介紹。

一旦你舉辦過幾場咖啡館對話或類似的同步對話之後，這些和背景定調有關的事項就會變成你的一種直覺作為，因為你會自然想起以前集會的學習經驗。除此之外，後面兩章「營造宜人好客的環境空間」（第四章）和「探索真正重要的問題」（第五章），會另外介紹兩種具有互補作用的咖啡館原則，它們都是建立在基礎的背景結構上，藉此發揮更大的效果。

　　正因為背景是一種很難抓住的的概念，因此我在這一章特定拿卡羅斯的墨西哥foro為例，來探索何謂背景結構。適當的時候，我也會用小型圖表列舉要點，比較卡羅斯等人所使用的foro辦法和原來的congreso概念有什麼異同。卡羅斯和另一位世界咖啡館的同仁艾律安・沃德（Arian Ward），已經幫忙發展出各種簡單但實用的方法，可用來打造咖啡館對話的背景，其目的無非是要讓大家有機會取得活的知識，在思維上有所突破和創新。對於他們的獨到見地……對於他們的全力以赴與合作精神，我和大衛真的萬分感激。

釐清目的

　　釐清目的包括幾個要素。

●瞭解現況

　　如果你要主持一場學習型對話，那麼釐清現況的幾個重要面向，就成為你界定咖啡館整體目的的首要步驟。這裡頭也許有社會、經濟、政治、組織、社群、或甚至人際因素必須納入考量。只要反問自己：是什麼樣的現況或現實需求，使得這場對話變得別具意義？為什麼它這麼重要？對卡羅斯和foro策畫小組來說，這場活動的設計方向，正是受「墨西哥社會經濟體的複雜現況」，以及「迫切需要為該國的社會經濟體集思廣益」這兩個原因所主導。當他們在評估墨西哥的實際現況和需求時，他們發現到不只傳統專家的知識與經驗具有一定價值，各領域的相關利益者，其知識與經驗也具有很高的價值。因此後續的轉變（從採正式報告的congreso變成以對話為主的foro）證明了策畫者對於實際現況的瞭若指掌，他們知道這個活動是在什麼樣的需求下，才變得如此重要。

●檢討你的設計前提

　　除了明確說出你對現況的看法之外，也要順道檢視你個人的觀念：你認為人們都是用什麼方法在共創知識？這絕對會影響你最後決定要用什麼方法來闡明該活動的目的？為你判別咖啡館這套辦法到底適不適合？並為與會者設計出適合的邀請函。以墨西哥這件個案為例，雖然大家都同意墨西哥正面臨難以解決的社會經濟困境，需要有最周延完善的應變措施，但這個設計團隊仍勇於質疑傳統觀念，不會固執認定只能靠專家的幫忙。這群策畫者把知識的創造看成是社會與社群共同努力的成果──不單屬於專家們的權限範圍──而對話正是眾人努力過程中的核心流程。因此，整個活動就是以此前提為核心，展開設計。

　　世界咖啡館之所以形成，是因為有人不斷針對學習的社會本質（social nature of learning）展開研究。身為策畫團隊夥伴之一的卡羅斯，幫忙這個團隊抓住眼前機會，好好回頭檢視以前的觀念，以便確定是否該用咖啡館的辦法來取得社群的集體智能。第十章會提供更多資訊，告訴你何時該（或不該）採用世界咖啡館的辦法。

設計前提

Congreso

- 墨西哥正面臨複雜棘手的社會經濟困境。
- 由墨西哥當地的專家及國際間的專家為政府官員做正式的現況分析報告，此舉可獲得重要的資料，作為日後規畫及決策形成之用。
- 至於不必報告的與會者們，也能因此而更瞭解有關這個領域的先進資訊。

Foro

- 墨西哥正面臨複雜棘手的社會經濟困境。
- 現況分析的內容會因不同聲音的注入而變得更豐富，它們會為各種複雜問題的規畫作業和決策形成，帶來全新不同的觀點。
- 人們都想貢獻自己的知識，也想共同學習和有番作為。
- 參與對話的成員都有自己的專業技術，各有其貢獻。

●說清楚那個「偉大的原因」

　　清楚的目的就像一顆北極星——它最大的功能是導引咖啡館的構思方向。你對成功的標準是什麼，也是由它來決定。有個方法可以說清楚咖啡館的目的，你只要反問自己：我們為什麼要找大家聚會？這場對話可以滿足什麼需求？有時候為你的世界咖啡館匯談創造一個名稱，可以幫忙彰顯會議的目的——譬如領導咖啡館（Leadership Café）、策略咖啡館（Strategy Café）、產品開發咖啡館（Product Development Café）、抑或只是單純的發現咖啡館（Discovery Café）。以卡羅斯的個案來說，該會議的目的本來是找專家提供和社會經濟體有關的研究報告，最後卻轉變成：創造一個合作的空間，以利本國與國際經驗的交流和知識的生生不息，為墨西哥和墨西哥以外地區的社會經濟體交出一張更漂亮的成績單。

> 清楚的目的就像一顆北極星——它的最大功能是導引咖啡館的構思方向。

●釐清各種可能成果

　　咖啡館的設計目的，是為了避開各種預設結果。但若能先說清楚最好的可能成果是什麼？也想清楚可以從哪些可能成果或成功標準，來判定目的已經達成？這對咖啡館對話的籌備工作來說很重要。舉例來說，具體成果可能包括找到新的策略方向；正在認真思考創新的課程或其他政策；抑或為某產品找到新的商業契機。

　　咖啡館對話不會為了找出一個最直接的答案或對策，就刻意集中焦點，至少一開始不會。通常最棒的咖啡館成果是找到和關鍵議題有關的正確切入點；抑或給你機會去首度體驗那種和別人共同思考及探究自身處境的感覺。這些都屬於非具體的成果（譬如建立新的關係、分享知識，以及給決策以外的人士一個貢獻意見的機會），它們所提供的好處，往往具有長期價值。

可能成果	
Congreso	**Foro**
• FONAES將成為全球在墨西哥新社會經濟體這個議題上進行意見交流的關鍵要角。 • 國際間的專家將為墨西哥帶來最先進的知識。 • 政府機構代表可以獲得有利未來規畫的重要資料。	• FONAES將成為全球的召集者和主辦者，它會主動創造出一個有利反省、探索、經驗交流和知識生生不息的空間，為墨西哥和墨西哥以外地區的社會經濟體交出一張更漂亮的成績單。 • 利用專業技術刺激不同相關利益者展開對話，取得其中的集體智慧，以利未來的決策形成。 • 所有與會者都將成為共同學習者和貢獻者。

決定適合的與會者

　　要挖掘出新的觀點和取得集體智慧，最重要的條件，恐怕是與會者的見解和經驗必須符合多元化的要求。也因為如此，你所邀請的與會者就成了能否展現各種創新成果的關鍵要素。通常在籌備咖啡館對話時，一開始就會決定好與會者有誰。但這時你若能再反問自己以下這個問題，成效可能會更好：若要達到我們所要求的目的，還可以再找誰來參加這場對話？還有哪些額外的觀點可能帶來好的見地？有誰可能因為參加這場對話而真正獲益？我們往往忘了邀請(a)可能會被這場對話結果影響到的人，或忘了邀請(b)持不同觀點的人一起與會。任何一場咖啡館對話都不能缺少他們的聲音。當你在思考誰該受邀時，這一點務必要考慮進去。舉例來說，某策畫團隊在舉辦一場以地方社區的未來教育走向為主題的咖啡館對話時，便決定與會者不該只有教師、家長和學校行政人員，也應該把會受此決策影響的各年齡層學生涵括在內。

相關利益者／與會者	
Congreso	**Foro**
● 演講者和專題小組成員：國際間的專家。	● 每個人都是與會者。國際間的專家只是扮演對話分析師和學習夥伴的角色。
● 觀眾：來自各大部會的墨西哥政府官員。	● 墨西哥社會各階層的代表都可參加，包括政府官員、非政府機構的代表、社會合作社、不同規模的企業（城鄉兼具）、立法人員、教育學家、研究專家和學生。

利用各種外在因素來發揮創意

最後要說的是，外在因素是背景架構的第三要素。

●釐清你的學習辦法

傳統的開會模式習慣用簡報軟體來做報告和演說，此舉並無法讓與會者在面對複雜問題時去集思廣益。誠如卡羅斯所發現的，只要你有勇氣和創意，就有可能跳脫傳統桎梏，打造出有利學習的全新背景。咖啡館的模式非常具有彈性，它也可以放進傳統的會議模式和環境裡。但重要的是，你必須想清楚你究竟能利用外在因素玩出多少彈性空間。以卡羅斯的個案為例，策畫團隊很願意活用傳統會議模式裡的各種外在因素，於是才能創造出有助誘發個別和集體意義的創新結構。但他們也不忘保留一些傳統的會議結構，譬如早上還是安排重要的演說報告。先決定好整體的學習和對話辦法，找出咖啡館對話可以使上力的地方，這麼做可以幫忙你定調背景，為這場你所主持的集會架構出幾個重要的設計元素。

學習的方式

Congreso
- 禮堂式作風。
- 正式的演說報告。
- 專家座談會。
- 觀眾寫下問題，由主講人或座談會成員口頭回答。

Foro
- 在禮堂裡做正式的演說報告。
- 由演講者和主持人組成匯談圈。
- 咖啡館對話側重的是能供在場所有人員抒發己見的核心問題，包括也具備與會者身分的專家們以及擔任各桌主持人的FONAES官員。
- 咖啡館對話的每日心得，在經過徹夜整理之後，會再放進第二天的對話議程中，同時也呈交給經濟部的代表當參考。
- 每天咖啡館都會根據幾個重要主題，展開循序漸進和深入的同步匯談。

●決定會前的準備作業

　　FONAES的集會，事先本來就得做一些細節上的準備作業，即使只是舉辦兩、三個小時的咖啡館對話，也不能輕忽一些重要細節，才能確保活動的圓滿落幕。譬如你必須設計和發出邀請函，不管是透過郵寄、電話、電子郵件或傳真，都屬於會前定調背景的重要作業之一。它可以讓與會者作好事前的心理準備，知道這將會是一場截然不同的集會，每個人都有機會在會中抒發己見。卡羅斯的故事詳述了一些會前準備作業，這些作業對於foro的背景打造作業來說很重要，包括寄個人化的邀請函給每位來賓，在邀請函上註明會議的目的；設計一種特殊的符號，來象徵這場集會將採循截然不同的流程；向受邀專家們說明他們在會中的任務是什麼。作為主持人的你必須盡量發揮自己的想像力，想想看有哪些會前準備作業能幫助規畫者、演講者（如果有演講的話）和與會者瞭解這場集會的目的與流程，讓他們在步入會場之前，就先做好完善的心理準備。

會前的準備作業	
Congreso	**Foro**
• 定期的籌備會議。 • 正式的邀請函和排定演講者的時間。 • 做好集會空間的安全工作。	• 組成核心策畫小組，展開細節設計——不忘反映多元觀點，以彼此協議好的互動方法作為基礎。 • 和FONAES主管共同舉辦一場迷你型的咖啡館對話，討論各種可行方案。 • 寄出個人化的邀請函給每一個人，並在邀請函上註明對話的背景。 • 舉辦工作研討會，確實擬出咖啡館裡要提問的問題。 • 盡早就資源、場地、空間設計、咖啡館的佈置和生活用品進行協調。 • 預先告知演講者咖啡館裡會提出的問題和會使用的流程，告訴他們該如何扮演學習夥伴的角色。

●考慮會後的後續作業

　　會後會展開什麼後續作業，通常是在咖啡館活動的那天才決定。但不管如何，若能事先想好可能的後續作業，這對背景定調來說也是很重要的決定因素。因為它會影響邀請函的設計方式，以及集會現場的背景定調方式。舉例來說，如果你事先知道與會者的見地日後將成為長期發展的重點之一，那麼你一定要在一開始的邀請函上就註明這一點。和後續作業有關的需求或計畫，也會決定你在咖啡館裡的記錄方式。以foro為例，雖然在咖啡館對話裡，提出了許多重要的下一步動作，但你還是必須先集中資源，製作出一本後續報導式的政府刊物，詳載當天活動的報告內容與心得。

會後的後續作業

Congreso

- 由政府單位製作各種演說報告的記錄。
- 考慮後續可能辦的congreso。

Foro

- 由政府單位出版各種演說報告、專家匯談學習心得、以及咖啡館心得摘要。
- 咖啡館匯談將衍生出下一步動作，包括可能開辦地區咖啡館。
- 把臨時的心得報告，排進後續的foro裡。
- 由FONAES協助專家們在電腦上進行虛擬式的心得交換作業。

●找到適當的地點

　　我們會在下一章深入探討如何為咖啡館對話打造宜人好客的環境空間。我們發現這也是可以提早掌握的重要外在因素之一，因為大部分的閉門會議場地以及各組織的會議廳，都不太適合舉辦以對話為主的活動。以卡羅斯的個案為例，光是找到具備大型宴會廳的飯店還不夠。他要的飯店，除了得有禮堂舉辦大型演講之外，還得有足夠的彈性空間，舉辦世界咖啡館對話和與會者的成果展，才有可能激發出新的思維和創見。

●做好必要的資源調度與安排

　　這其中的重要外在因素包括時間、預算、設備、家具、生活用品。這些看起來好像都不難辦到，但你以為簡單的事情，卻常常出乎意料地需要再三協調，才能確實發揮這些外在因素的彈性，為人們營造出有利共同思考的對話背景。誠如下表所示，卡羅斯的foro所需用到的資源，完全不同於當初考慮congreso時所用到的資源。

資源調度與安排	
Congreso	**Foro**
• 為正式的禮堂式演說做好各種安排。 • 椅子必須排列整齊。 • 排定觀眾在全體會議裡的問答時間。	• 為正式的禮堂演說、匯談圈，以及咖啡館對話做好各種安排。 • 分配預算，租用小型桌子、桌布、防水紙、簽字筆和桌上的擺飾鮮花。 • 每天下午挪出適當時間，舉辦咖啡館對話。

●在集會現場為背景定調

我們會在第十章的時候深入探討咖啡館主持人的角色，以及咖啡館的一些特殊規定。只不過我們也發現到，咖啡館對話畢竟不同於傳統的會議，因此我們有必要在集會現場再次定調背景——這通常會趁幾個關鍵時刻進行。也就是說你要再次澄清是基於什麼情況或問題，才會把大家集合起來——換言之，舉辦咖啡館的那個「偉大原因」（Big Why）是什麼？此外你也要強調，這種新的對話方式可以帶來互動性學習。誠如卡羅斯的例子所示，直接在集會現場介紹咖啡館的流程，這對用來催生個人和集體意義的對話脈絡來說，有重要的影響。

咖啡館主持人通常就像卡羅斯一樣，除了說明咖啡館的規矩之外，都會先從簡單的桌上對話開始，和與會者分享以下問題：想想看以前有沒有遇過很棒的對話經驗，而且還因為那次的對話經驗而真正學到一些東西或得到全新不同的視野——是什麼原因造成這樣的結果？如此一來，與會者才會做好心理上準備，隨時接受創新的思維。

合作探詢（collaborative inquiry）的成功與否，與背景定調有很大的關係——包括在策畫階段、集會現場及在決定會後後續作業時（不管有沒有後續作業）。如何在每個階段的對話設計與執行上，當一名稱職又有創意的「背景建築師」（architect of context），這絕對是一門藝術，這句話不是只說給世界咖啡館的主持人聽，也是說給每一位想為真正的匯談創造有利條件的人聽。

在集會現場為背景定調

Congreso

- 目的很清楚，但整個流程背景沒有被強調。
- 與會者被告知可在正式的演說之後寫下問題，請演講人回答。

Foro

- 在活動期間反覆說明目的與流程。
- 提醒與會者是在參加一場真正的對話，不必當被動的觀眾。
- 將專家們的分析視為可深入思考的素材。
- 請與會者用不同的方法和別人交談，聆聽別人的談話。
- 每個人的經驗與想法都能對會議的整體成果帶來一定的貢獻。
- 說明咖啡館的規矩以及大家的合作方式。
- 由FONAES的代表擔任各桌主持人，歡迎來自不同領域的與會者入座。
- 擬定咖啡館問題，好讓所有與會者能針對問題發表意見。

問題的反思

- 想想看有哪些會議、會談或集會，曾帶給你很不錯的與會經驗？它們的背景定調方式（不管是會前就定調，還是在會議現場才定調）對整個會議的成效很有幫助嗎？

- 仔細想想那場由你一手策畫，即將來臨的集會。根據本章所提的背景定調三要素，你的整個策畫作業可能還需要注意什麼，才能幫忙為這場對話定調，引出更多不同的觀點，得到你真正想要的成果。

- 你可能用什麼方法在集會現場為背景定調，以利與會者輕鬆展開這場強調合作與對話的共同學習過程。

第 4 章

原則二

營造出宜人好客的環境空間

我們的想法是創造一個方便你們四處移動的實質空間，一個可以鼓勵你們彼此交流、分享和互相幫忙的社交空間。如果你能設計出這種有助同步學習的實質空間、社交空間和資訊分享空間，整個環境就會變成一種學習技術。人們會很喜歡在那裡工作，開始共同和互相學習。

約翰・希利・布朗（John Seely Brown）
全錄公司（Xerox Corporation）前任首席科學家

要是我們真能創造出真誠對話的空間呢？

一種共同的系統思考：
帕格薩斯的系統思考運用策略會議

大衛‧伊薩克口述

大衛‧伊薩克是世界咖啡館的共同發起人，他曾和企業、社群、政府、醫療保健和教育領域等各方領袖，共同設計策略性對話，主題範圍涵蓋各種攸關未來的重要議題。在這則故事裡，他談到如何為大型團體的同步匯談，創造出宜人好客的環境空間。

由飛馬訊息公司（Pegasus Communications）一年一度舉辦的系統思考運用策略（Systems Thinking in Action，簡稱STA）會議，強調的是系統思考的創新運用、組織學習及新的領導模式。這場盛會吸引了世界各地約一千名的與會者。那次會議的主題是「學習型社群：建立永續的能力」。但令人意外的是，會議協調者里安‧葛利羅（LeAnne Grillo）竟打電話問我們：「你們願不願意在飯店的宴會廳裡策畫一場由全體與會人士共同參加的主題咖啡館，我們要談的是學習及知識創造的集體流程。」

這通電話在我們的辦公室裡著實造成一股騷動！我、華妮塔及我們的同事南西‧瑪格里斯（Nancy Margulies）都難以想像，要為來自二十多個國家的一千名與會者舉辦一場咖啡館對話，會是何等景況？截至目前為止，我們所舉辦過的咖啡館，最大規模也只容納過兩百五十人。我們要怎麼做，才能在擴大四倍規模之餘，仍能兼顧咖啡館的宜人氛圍和學習環境，以迎合來自於不同專業和文化背景的與會者。

我們有可能在九十分鐘的時限下，讓這麼多人去深入探索「學習的社會本質」這類核心問題嗎？我們有辦法在這麼大型的團體裡，轉移眾人對個人意見的執著，協助他們去享受集體智能所創造的奇蹟嗎？（亦即一種「共同的系統思考」）？我們的挑戰將會是：如何創造一種有利營造這種經驗的環境。南西是一位很有才華的圖表藝術家、插畫家兼設計師。華妮塔則非常擅長概念之類的事情。至於我多年來早已學會如何

讓人們覺得自在舒服。於是我們這三個臭皮匠湊在一起，開始發揮想像力，著手安排各種事宜。

以下就是我們去到會議廳時所遇到的實際狀況。我們大致看了一下那間空盪盪的大型宴會廳，心裡盤算著我們該如何把它改造成溫馨宜人的咖啡館，好容納上千名來賓──而且這些改造作業必須在會議暫停的四十五分鐘休息時間裡一次完成。我們幫飯店找來四人座的小圓桌（以宴會為主的飯店，不會管這些小事）。會議志工為每張小圓桌準備了紅格桌布、小花瓶，以及新鮮的紅白康乃馨。我們把白紙鋪在桌布上頭，就像許多咖啡館的做法一樣，然後在每張桌上放置一個裝有彩色簽字筆的盒子，供來賓塗鴉。

雖然我們沒有辦法移走高高的講台，但我們還是想辦法把演講人的講桌給搬開，改放一張圓形咖啡桌，旁邊還放一台特殊的投影機，屆時南西可以利用投影機打出一些事先準備好的圖表，以及全體對話的即時繪圖式記錄。她也會把觀眾的意見製成繪圖，打在大型銀幕上，以便與會者具體看見和聽見每個人的意見。我們還搬來了幾棵棕櫚樹和綠色植物，希望把空間佈置得更溫馨、更貼近大自然。幸運的是，我們還發現到我們可以用很便宜的方法，在整面的空白牆上，投射出不同色彩的圖案。當燈光變暗時，彷彿置身於氣氛十足的爵士咖啡館。

不過我們也知道，要為如此大型的團體創造出周到宜人的好客環境，恐怕不能只在主題咖啡館的實際佈景上作文章而已。我們希望能為整個會場營造出不一樣的氛圍。我們的主題會談是訂在第二天的下午。為了讓與會者事先做好迎接咖啡館的心理準備，我們特定安排了可以喝咖啡的休息場所，那兒有和咖啡館一樣的氣氛──飲料檯和附近門廳的咖啡桌上，同樣鋪上紅格桌布。南西還製作了印有不同名言的漂亮布條，譬如其中一幅引用馬丁・巴伯（Martin Buber）的名言：真正的生活就是在相知相見（All real living is meeting.）。這些布條都掛在休息區，使休息區儼然成為一處藝術展示場，不再只是一個快速泡杯咖啡的

地方。我們試著用許多細微的設計來暗示大家，這裡有很不一樣的有趣
事情正在發生。

　　等到改造宴會廳的時間一到，南西先在入口處擺了一幅彩色標誌，
上頭寫著請勿進入（尚未開放），咖啡館正在施工中。然後我們和志
工、飯店人員以及技術人員——換言之，就是參與這場盛會佈置的每一
個人——快速展開會商。我們告訴他們，我們一定要把自己想像成這場
集會的共同主辦人，因為在接下來的四十五鐘裡，我們得把這間傳統的
飯店宴會廳，瞬間改造成一座賓至如歸的咖啡館。這間宴會廳在我們佈
置成主題咖啡館之前，就已經被分隔成三間正式的會議廳，所以我們得
趕緊動工。我們先在音響裡播放活潑的爵士樂，然後逐一拆掉每座牆。
看著這些改造工程，著實令人吃驚。我想我永遠也忘不了。

　　南西製作了幾張古靈精怪的手繪投影片，全採自於一些有名科學家
的箴言，目的是為我們這場工程背後的構想增添一點趣味。

- 隨著系統的自我連結，智慧自會浮現。
- 在生活上，控制不是問題，問題在於動態的相互連結。
- 真正的發現之旅不是去尋找新的景點，而是看你有沒有全新的視
野。

　　南西還製作了一張歡迎光臨世界咖啡館
的彩色投影片，直接打在宴會廳前方的大型
銀幕上。

　　等到改造工程大功告成時，我們同時間
打開宴會廳的大門。一位主持人志願站在門
口迎接所有來賓，向他們一一握手寒暄，歡
迎他們大駕光臨。我們還在各入口通道的海
報上載明，請大家一定要找不認識的人同坐

一桌，互相歡迎，盡量去熟悉彼此。才華洋溢的音樂家麥可‧瓊斯（Michael Jones）以鋼琴彈奏出醉人的音樂，營造出街坊咖啡館常嗅聞到的溫馨氣氛。我們刻意調暗宴會廳的燈光，好讓大家看見大廳裡的投影圖案，並趁機為整個會場空間營造出一種熱情、私密的氛圍。歡迎光臨世界咖啡館的字樣出現在大型銀幕上，科學家們的箴言則在另一面銀幕上輪番出現。數百名與會者魚貫走進會場，我們的咖啡館開始活了起來！

看到來自前場會議的那股集體能量，竟在同一個場地裡出現如此大的轉變，那種感覺很奇妙。我們可以感受得到人們坐在咖啡桌前的那股驚喜與好奇。他們很快就互相攀談起來，等到每個人都入座之後，交談的聲音開始充斥整座會場。

為了強調我們只是咖啡館的主持人，絕非傳統的演講者，我刻意把「歡迎光臨」這四個字用二十七國語言向他們表達，作為咖啡館的開場白。我希望他們把這裡看成是一家「真正的」世界咖啡館，因為這家咖啡館裡幾乎聚集了來自全球各大洲的代表。我們就像整個世界的縮影。如果那天夠幸運的話，或許也能像共同系統思考一樣為自己做見證。

創造宜人好客，方便來賓發言的環境空間，它的好處之一是可以藉此闡明在咖啡館匯談裡友好相處的方式。我們沒有做任何正式的匯談指導，也沒有以冗長的演說教導大家如何展開匯談，只是請南西以幾張簡報簡單說明咖啡館的規矩（請參考下頁）。

當人們開始共同探索第一個問題時，整個會場變得活潑起來！等到第一回合的二十分鐘對話行將結束之際，我決定做個實驗。我靜靜舉起手，向隔壁桌的來賓示意對話結束，請他們依樣畫葫蘆地也向別桌示意。等到大家回神注意到這中間的蹊蹺時，舉手示意的動作早已像一波浪潮，席捲過整個會場，不到短短六十秒，全場人員鴉雀無聲。當我請在場來賓注意看大家的共同默契時，我們不禁哄堂大笑。

接著，我請在場來賓移到不同的桌子，展開第二回合的對話。坐在

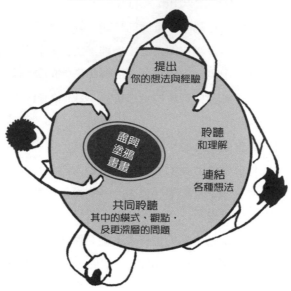

原來位子的各桌主持人，必須根據桌布上的記錄和圖畫來說明前一場對話的重心。旅客們（travelers，指在桌次間更換位置的來賓）則互相分享前一場對話的心得，找出其中的關聯性。看到七百五十位來賓在兩百五十張桌子前向各桌主持人道別，拿起自己的書、手提袋和資料，快速換到附近桌次上，接受新主持人的熱情招呼，這種感覺真的很震撼。自我組織式的主持方法實在太好用了！

在第二回合和最後一回合時，我鼓勵大家盡量透過彼此的聆聽和意見交流，去找出其中的模式、主題和更深層的問題。現在，每張咖啡桌都能銜接四種不同的對話，等於大幅增加了意見交流的機會和觀點更新的可能。

當整個回合的對話即將結束時，我再度舉手示意，就像之前一樣，靜默的浪潮瞬間席捲整個會場。現在會場裡似乎充斥著一股特殊的專注

能量，這種氣氛很明顯。我問大家有沒有感覺到我們就像一個整體系統，正在同步思考大家所關注的問題，不知道他們對這種經驗有什麼感覺。我和華妮塔沒有採用常見的分組對外報告方式，反而走進觀眾群，和他們共同展開「全體對話」（conversation of the whole）。我們先給大家一段靜默的時間，接著請在場來賓在提出自己的觀點時，也同時想像自己正在出力共同編織一張脈絡相連的「知識網絡」（knowledge web）。而南西也同時在為現場成果，努力創造各種視覺影像。我們的結尾方式是請在場來賓轉身面對另一個人，告訴對方，他們想帶回去播種和培養的思想種子是什麼。

令人驚訝的是，這一切活動只花了一個半小時。當會議結束，人們準備離場時，志工們搬出彩色的包裝盒，站在各個門口向每位來賓致贈禮物——那是我和南西、華妮塔共同製作的大型彩色海報。這張領域地圖（Map of the Territory）摘要了世界咖啡館的基礎前提，還有一些和重要概念有關的引言、各方領域的成就貢獻、咖啡館主持技巧的簡單指南，以及尋找額外資源的方法。

即便咖啡館已經結束，人們似乎還不忍離去。飯店員工很想清場，因為他們得再重新改造宴會廳，把隔間牆裝回去，好迎接下一場會議，但實在很難啟齒清場。

「創造宜人好客的環境空間，以利大型團體的匯談與學習」的這場經驗，讓我學到了什麼？我學到的是，你一定要創造出一種隨和又不拘形式的迎賓環境，這一點很重要。這其中包括：

- 把會場佈置得像真正的咖啡館。
- 取個咖啡館名（拿這個例子來說，我們的咖啡館名是知識咖啡館），以彰顯我們的目的。
- 雖然同處於一個大型空間裡，但各桌對話自成一關係緊密的小團體，同時也要確保每桌來賓都自覺是整個大團體的一份子。

- 以藝術、音樂和綠色植物來陪襯。
- 請志工擔任招待和主持人。
- 在咖啡館的舉辦期間，多多利用「主持人、旅客和來賓」等字眼，鼓勵大家拿出最熱情的招待，建立友善的氛圍。
- 盡量利用比喻方式，營造出一種生命系統的印象，譬如播種種子或異花授粉（比喻意見的交流）。
- 在進行全體對話時，走進觀眾群，成為他們的一份子。
- 穿著輕鬆，但不隨便。
- 不要用簡報軟體，改用手繪圖表。
- 致贈每位與會者一份精美的禮物。

　　這些看起來好像是小事，但在一個講究組織的同步智慧與知識進化的環境裡，卻還是鮮少做到。若想鼓勵更多生生不息的對話，創造一個安全、舒服、不拘形式的環境空間，絕對是方法之一。咖啡館這種社交環境裡有某種氣氛會讓人想打開自己，展開真誠的對話，甚至跨越文化的隔閡──這種對話比正式商業會議和異地閉門會議裡的對話，要來得更有創造力、更好玩、更引人好奇、更親密、更坦誠。我們在世界咖啡館的基調會議上，朝這個方向跨出了一大步，而且隨時隨地吸取和學習更多經驗。

透視與觀察

　　在世界咖啡館還沒誕生之前，我從來沒想過該怎麼扮演一個好的東道主。但對曾利用咖啡館式對話，來歡迎新同事加入工作網的喬依・安德森（Joe Anderson）這位活潑的公益事業家來說，做一個好的東道主，本身就是一種生活的方式。那年我們坐在山頂上的自家起居室裡，

也就是當年催生世界咖啡館的那間起居室，喬依告訴我，她很小的時候就從擔任路德教牧師的雙親身上學到一件事：以前先人們為旅客提供食物與庇護所，是把它當成一件神聖的任務，也是一件有利共生的重要事情。

　　旅客們不只會送上自家的土產，還會在東道主的餐桌上分享他們自己的故事、旅途中的所見所聞，以及一些新奇的觀念。喬依提供了一個很棒的視野，她的父親賀柏特・安德森（Herbert Anderson）曾在某個聖誕節談到基督教的好客精神。他說所謂好客，就是用開放的態度去接納新的人和新的觀念。這正好和我們主持咖啡館對話的經驗不謀而合。他說：「所謂好客，就是從行動去肯定別人的才華與天賦。它是在迎接那些能打開我們人生視野的觀念。當我們以好客的態度去迎接陌生人或客人時，我們就是歡迎一種全新、不知名、未曾見過的東西，進入我們的生活中，這種東西很可能擴展我們的世界。」我們向來鼓勵大家擔任咖啡館的桌上主持人，熱情接待以來賓或「意義大使」（ambassadors of meaning）身分進入每場對話的旅客，同樣發揮好客、包容、願意接受新觀念，以及互利共生的精神，這種精神也正是主導和創造宜人好客空間的核心所在。

　　社會學家雷伊・歐登柏格（Ray Oldenburg）曾在他的精采好書《天大的好地方》（*The Great Good Place*, 1989）裡提到非正式集會地點的重要性，因為縱觀歷史，舉凡創新點子的發想、民主的落實，以及社群生活的發展，都和它脫不了關係。他對於「第三地」（the third place）的見地，非常有助於我們瞭解咖啡館對話和咖啡館的功用。根據歐登柏格的說法，第三地是指跨越私人家族空間的「發源地」（womb），以及平日世界的「競爭場所」（rat race）之外的其他地方。這種地方——包括咖啡館在內——可以提供一個中立地帶，供不同想法和背景的人毫無嫌隙地齊聚一堂。他們熱情招呼彼此，心情愉快，甚至可以互開玩笑。他們大方接受初來乍到者，展開

好客就是從行動去肯定別人的才華與天賦。

各種活潑生動的交談，只為了維持現場的生命力。事實上，決定第三地特色的，是靠對話本身的品質。誠如裘達‧珊卓（Jaida N'ha Sandra）在《對話的樂趣》（*The Joy of Conversation*, 1997）（探討沙龍過往美好的歷史以及它在社會變革中的角色）一書中所言，創造宜人好客的環境空間，其重點無非是要提升對話品質，而沙龍正是因為對話品質，才成為新思維孵育的代名詞。

　　對多數人來講，創造宜人好客的環境空間，這種想法並不陌生也不新奇。真正稀奇有趣的是，你應該為平日就有的對話，主動營造這樣的環境。有個主管曾對我說：「你知道嗎，這種事很重要，但也很平常，因為當我們在聚會時或者在家裡招待客人時，都會特別注意這種事，只不過我們沒有注意到，當我們在和同事同步思考一些重要問題時，其實也要注意環境的營造。」另一位主管則補充道：「我們的辦公場所以及許多飯店和會議中心，它們的環境設計都不太適合這類策略性思考和優質對話，而這些思考和對話對企業的未來而言，是很重要的。會議室和會議廳給人的感覺太枯燥、太冰冷。那些大面積的桌子也都是障礙。身為領導人的我們，如果真的很在乎知識分享，希望得到最好的與會結果，就得在這方面多加把勁兒。」

改造傳統的會議空間

　　這些從人類社群傳統中所得來的觀點，再加上咖啡館的各種發現，究竟告訴了我們什麼？這一切都和藉由營造宜人好客的環境空間，來帶動同步對話這類價值有關嗎？麻省理工學院媒體實驗室（MIT's Media Lab）前任研究員麥可‧許瑞吉（Michael Schrage）曾在他那本發人省思的著作《共同主張》（*Shared Minds*）中指出，大部分的會議都是因為環境安排的不妥，而使合作成果大打折扣，因為會中只重視死氣沉沉的單向式演講，於是只好「用犧牲會合作的社群來倒貼過度的單一溝通。」

（1990, p. 122）

　　許瑞吉強調，若要讓整個會議氣氛變得更活潑、更具互動性，可以靠一些創意，譬如打造出有別於正式會議的環境空間；引進同步性技術工具；以及利用共同的空間，讓大家即時看見彼此的構想（在咖啡館對話裡，用來隨手記錄重要構想的紙製桌布，就有類似功能）。許瑞吉總結道：「從很多方面來看，改變會議環境比試圖說服大家改變行為，要來得更容易看到一些成果。」

　　紐西蘭的蘿絲莉・凱波（Roslie Capper）也和許瑞吉一樣清楚外在環境的重要性，而且身體力行。正當這個領域裡的主持人還在思考對話的流程與內容時，蘿絲莉已經開始在研究，該利用什麼樣的生理和心理背景，去帶動出更深層的對話。「我之所以會停下來思考，是因為我曾參加過一場和創造永續未來有關的會議。」蘿絲莉告訴我們，「演講人在飯店的宴會廳裡歌頌和推崇大自然，卻沒有給聽眾自然的光線、綠色的植物和新鮮的空氣。」

　　蘿絲莉是在國際婦女匯談（International Women's Dialogue）上第一次接觸到世界咖啡館，當時她就有一個夢想：「我希望能設計出一個地方，這個地方可以自然刺激人們同步思考，就像我從咖啡館對話或匯談圈所看到的例子一樣。」她的這顆夢想種子在朋友、家人和同事的贊助下開花結果。她一手打造的商業會議中心──圖騰館（TOTEM）──就坐落在奧克蘭（Auckland）的濱水區。它有弧形的牆面，寬廣的圓形接待區上方，是一整面巨大的玻璃屋頂，人們可以在此隨性交談與聚會。館內四處可見的藝術品正好反映出紐西蘭多元的文化遺產。蘿絲莉設計了各種色彩鮮明的舒適家具。會議空間裡也放了多張小圓桌，和幾張舒適的座椅，很適合舉辦咖啡館匯談和其他互動性聚會。在商業會客廳裡有一台義大利咖啡製造機，除了供人們享受自助式的泡咖啡樂趣之外，也有利人們藉喝咖啡之便，與陌生人主動攀談──甚至成為朋友。「我們力行『關係好才能無往不利』（Connections Made Easy）這句格

言，」蘿絲莉說道，「這一點和咖啡館對話的情形很像。作生意這三個字用瑞典語來說是narings liv，這是大衛‧伊薩克教我的，對我們來講，圖騰館一直都是narings liv的化身。因為在英文裡，narings liv的意思是『對生命的滋養』（nourishment for life）。圖騰館的目標是什麼？它的目標是意外結合人們與構想之餘，也同時滋養了生命。」

大家開始發現在圖騰館裡，奇妙的事情正在發生。蘿絲莉說，「我們一步一步地來，開始為各組織提供各種思想夥伴，幫助它們在圖騰館裡創造策略性對話，只不過我們運用的是更深層的世界咖啡館哲學與原理，不完全吻合咖啡館本身的流程。」蘿絲莉的夢想是在全球各大都市成立圖騰館會議廳，藉此證明唯有重視對話環境裡的細節，甚至那些看不見的層面，才能在眾人關心的議題上倡導新的思考和合作方式。

麥可‧許瑞吉的見解以及蘿絲莉的圖騰館實驗，在在證明了我們當初的發現：創造互動性的咖啡館環境，絕對有利於合作成果。來自以色列的咖啡館開山始祖之一，艾德納‧帕修（Edna Pasher）曾在當地和各重要領袖共事過，他指出，「要想有成效，就得自己設計出那種溝通環境。你必須成為知識生態的締造者。」聽起來很像常識，不是嗎？也許這就是咖啡館對話可以幫我們的地方——不要忘了這些常識，而且要付諸實行。

有利營造咖啡館學習性環境的各種創意辦法

在和世界各地的咖啡館主持人談話時，最有趣的發現之一是：把對話環境盡可能打造得像真的咖啡館一樣，這一點很重要。而這些世界咖啡館主持人的創意也的確令人嘖嘖稱奇。有很多方法可以營造出好客宜人的環境空間，喚醒凡人皆有的一些無形特質，讓咖啡館的匯談更有成效。如果你是世界咖啡館的主持人，除非你沒有想像力，否則什麼也拘束不了你。

　　舉例來說，安卓·戴爾（Andrea Dyer）是一位組織學習顧問，曾在各種場合中運用過咖啡館的方法。她說她曾為某跨國企業的全球策略集會打造咖啡館的環境，這場集會有來自三十多個國家的代表出席。她是這樣形容那次的咖啡館工程：「我們先找人到各代表的國家拍攝旭日東升的照片，然後寄回來給我們。此外，也去拍了各代表的全家福。通往會議廳的那條走廊本來是一座畫廊，我們在會議開始的前三天，就先更換了所有的藝術品。我們還將每天的全體對話製成摘要，把圖表畫成壁報，掛在藝術走廊裡。」（接續到一一八頁）

故事

建立在對話的傳統基礎上：沙烏地阿蘭可石油公司

教育學博士布朗尼·赫瓦斯口述

　　沙烏地阿蘭可公司是一家全方位整合的石油公司，經營觸角橫跨石油探勘、生產、提煉和行銷等領域。旗下員工總數超過五萬人，另外還有來自全球四十五個國家的委外承包商，數量高達十萬家。我們的作業地點涵蓋魯布哈利沙漠（Rub-al-Khali）偏遠的前哨站，以及阿拉伯灣（Arabian Gulf）的海上平台。此外，我們自己也開辦學校、建設公路、經營醫院，甚至出錢資助規模有如一座小鎮的住宅社區。我們有自己的飛機和直升機航隊，足以和某些國營運輸公司匹敵。

布朗尼·赫瓦斯（Bronwyn Horvath）是沙烏地阿拉伯國營石油企業──沙烏地阿蘭可石油公司（Saudi Aramco）──領袖論壇的幕後推手。他曾在七百多人的團體身上，運用世界咖啡館的方法，達到縮短組織階級距離的目的，完全師法阿拉伯社會過去歷史的對話傳統。這則故事是在告訴我們，你可以創造一個適合任何文化的宜人好客空間。

　　誠如你所能想見，這麼大規模的公司，最大挑戰之一就是如何作出有效的溝通。我們一直很煩惱該用什麼方法來推動資訊的分享，至於所

謂有意義的匯談，那更是天方夜譚了，因為光看公司的規模仗勢，我們根本連想都不敢想。

　　但後來沙烏地阿蘭可石油公司工程營運服務部（Engineering and Operations Service，簡稱E&OS）的資深副總裁沙林・阿艾德（Salim Al-Aydh）和彼得・聖吉一起參加了在埃及舉辦的國際組織學習協會。在那場盛會中，阿艾德親自體驗世界咖啡館，親眼見證咖啡館匯談的潛能，它可以將個人抱負和公司的策略方向結合起來。而且重要的是，他認為世界咖啡館是一種對話的延伸，也是一種好客精神的延伸，而那正是阿拉伯的文化之一。數百年來，部落裡的男子都是在公開場合裡聚會，阿拉伯語叫做majlis，討論眼前各種問題。

　　於是沙林・阿艾德打破慣例，舉辦一場2003年咖啡館（Café '03），完全師法沙烏地阿拉伯長久以來的對話傳統。他把咖啡館的觀念當成一種創新構想介紹給大家，試圖帶動管理團隊底下的七百多名員工，使他們能在E&OS的四大功能領域上互相幫忙，彼此貢獻所長。他說這次集會的目的是「針對要緊的事情彼此展開對話」。E&OS的使命、價值觀和營運計畫，都是此對話的重點。

　　設計這場2003年咖啡館，背後的策畫過程似乎很嚇人。只不過當事情進展開始不順時，這些不順反倒促成了各種創意！這個以創意見長的E&OS策畫小組，是由丹恩・華特斯（Dan Walters）、艾弗列德・漢納（Alfred Hanner）和吉姆・大衛森（Jim Davidson）共同組成，當時他們發現當地沒有任何一家飯店在規模上足以容納這麼多與會者，他們只好把沙烏地阿蘭可石油公司的機棚改裝成阿拉伯半島裡最大型的咖啡館！為了配合那個場地所要用到的聲光設備和技術，他們自創出各種絕活兒，還在機棚的牆上裝設多重螢幕，以利所有與會者看見台上的演講人。他們搬來數百張阿拉伯地毯，將機棚改造成頗具中東風味的舒適咖啡館。而地毯也能幫忙降低七百名來賓交談時所發出的噪音。

　　除了有規畫良好的咖啡館對話，還另外安排了一場社交午餐，以利

與會者私下交流。所有咖啡館與會者加上航空部的來賓，全數圍著百來盤羊肉和米飯席地而坐，享用最傳統的阿拉伯餐——阿拉伯語叫做kabash。我們也剛好利用這個機會舉辦表揚活動，向去年表現傑出的個人與團體致上敬意。那真的是一場傑出人才表揚大會——對各階層領導人來說，的確是「嚴肅又不失好玩」的一天。

2004年三月，我們在魯布哈利沙漠的偏遠設施裡，舉辦了一場迄今為止規模最大的咖啡館對話——並取名為Shaybah Café。我們找來沙烏地阿蘭可石油公司的兩百多名資深領導人，和沙烏地阿拉伯大公國境內各地的執行長與商業領袖，齊聚一堂，分享知識，建立新的關係，各出己力，將這個國家的

沙烏地阿蘭可石油公司的咖啡館

企業社群打造成一個學習網絡。咖啡館結束後，我們請所有與會者齊聚星空下的紅色沙丘之上，這是全球聞名的極致沙漠景觀之一。所有與會者在黑夜星空下共同分享這美妙的一刻（這是早期咖啡館匯談的高潮戲），這會令人感動，而且很有力量。它能讓許多人想起沙漠的傳統，甚至激起他們想發揚此傳統，代代傳承下去的渴望。我發現咖啡館的概念會引起一種共鳴，不只沙烏地阿拉伯人有共鳴，公司裡的其他文化族群也都有共鳴。不管是埃及人、土耳其人、馬來西亞人、美國人或韓國人，他們都有促膝圍坐，共同討論希望與未來夢想的文化傳統。

我們的咖啡館因為搭上當地好客傳統的便車，才得以有機會讓人們跨越傳統界線，在商業關係裡建立起更寬廣的個人網絡。當你們已經做了很久的重要匯談——分享過各種想法，也接納了彼此的創新構想——改變就會發生。世界咖啡館是一種可以促進改變的簡單辦法。或許這也是為什麼咖啡館對話能在沙烏地阿蘭可石油公司裡落地生根、成長及茁

壯，至於其他的活動計畫總是來來去去，不曾永久駐留。

───────────────

　　誠如安卓所發現，要營造宜人好客的環境空間，關鍵在於你必須讓客人有歸屬感，就連藝術品也要考慮在內。想想看那些讓咖啡館或起居室變得迷人的元素是什麼──牆上的畫作、綠意盎然的植物、插滿鮮花的花瓶，以及各種讓人感受到家的溫暖的設計。除了這些佈置之外，安卓還多添了一點個人化的元素：把與會者家鄉的藝術品搬過來。他們不只把私人生活裡的東西搬進工作現場，還利用畫廊去彰顯咖啡館的多元文化。

　　Phonogram是飛利浦（Philips）在瑞典的分公司，玻・蓋勒帕恩（Bo Gyllenpalm）是Phonogram的前任執行長，本身也是一位很有經驗的咖啡館主持人，他曾描述過另一場咖啡館的創新場景。當時我和大衛在斯德哥爾摩郊外里登戈島上（Lidingo）的帳篷裡，舉辦戶外的晚宴咖啡館（Dinner Café）。我們邀請五十位瑞典朋友共同體驗世界咖啡館，每上一道菜，他們就得更換一次座位，而且這當中有許多人並不認識彼此。每次換過座位後，我們都會提出不同問題，協助與會者探索自己真正關心的議題，以及在生活上和工作上所面臨到的核心問題。我曾經問玻：「你覺得是什麼原因讓那場晚宴咖啡館的表現如此出色？」他微笑答道：「這個嘛！應該是整體氣氛吧！整個環境很漂亮，有花園、流水，而且氣氛輕鬆。它能讓你瞬間打開心房，接納各種新的可能。它不會逼你加入討論，但我實在很驚訝，我們怎麼能在這麼短時間內就開始暢所欲言。」

　　把自然景觀帶進咖啡館裡──或者說把咖啡館帶進自然景觀裡，就像這個例子一樣──無疑提醒了我們，咖啡館本身就是一種最自然的流程，它反映出大自然裡最深藏不露的自我組織原則。而身為主持人的你們，創造了一個在某種程度上和它不謀而合的空間，找來與會者以輕鬆

> 要營造宜人好客的環境空間，關鍵在於你必須讓客人有歸屬感。

的心態展開真正對話，享受與人為伴的各種樂趣。

　　你可以找許多人來實驗各種不同方法的對話。舉例來說，Colonial Pipeline公司為了展開策略性對話，刻意打造出極為迷人舒適的環境，而且直接取名為「Pipeline酒吧」，代表他們的咖啡館匯談是不拘形式的。至於在另一個商業場景裡，組織學習顧問譚美·西卡（Tammy Sicard）故意採用義大利咖啡館的主題，因為與會者必須為某大型企業的合併作業，肩負起全球人力資源策略的規畫工作。對譚美來說，突顯咖啡館的樂趣與創意，不只可以降低合併後所必然產生的緊張態勢，也有助與會者敞開心房，在全新的人力資源策略上盡情發揮各種實驗與創意。「首先，我們從世界各地找來HR人員參加小組討論會，談談專屬於HR這個領域的各式挑戰與問題。」她說道，「然後我們教他們怎麼做心智圖（mind mapping，一種靠視覺來作記錄的過程）。接著休息一會兒，再請他們走進知識咖啡館（Knowledge Café）。我們把它佈置得像是一座義大利咖啡館——裡頭播放著義大利歌劇的音樂，還有吉安地酒，以及紅白相間的格子桌布。剛走進去的感覺，彷彿置身於完全不同的天地。他們很開心，開始針對自己有興趣的話題展開熱烈討論。他們在咖啡桌上的防水紙上發揮心象繪製的技巧，非常投入。」

　　心智圖練習和咖啡館內其他視覺元素的整合，可以使右腦的處理作業進入對話，也有利於融合不同的學習風格。我們常有一種經驗，某人在咖啡桌上可能不發一語，但後來卻畫出一幅圖，銜接了所有的對話。我們想盡辦法要讓人們對咖啡館的環境感到放心，他們才會在這個空間裡利用自己最熟悉的方法，去發揮所長，表達自己的看法。

　　要創造有力的對話（尤其是針對大家都很重視的問題展開對話），需要克服的挑戰之一是：因為沒有足夠的信任基礎，這些對話往往會讓大家覺得很沒有安全感，以至於不敢說出真心話，或提出各種大膽構想。奧勒岡州波特蘭市（Portland, Oregon）的大道學會（Commonway Institute）總監夏里

心智圖練習和咖啡館內其他視覺元素的整合，可以使右腦的處理作業進入對話。

夫‧阿布度拉（Sharif Abdullah）就曾面臨這個難題。

　　夏里夫在費傑學會（Fetzer Institute）的會議上，第一次學到世界咖啡館的概念，那次會議的主題是「為二十一世紀締造和平」。會議結束後，夏里夫決定試辦一場平民咖啡館（Commons Café），找來不同背景的人，共同探討民族、階級、種族淵源、價值觀和政治等議題。他也找上當地的幾個商家，請他們派人參加。夏里夫回憶道：「我們的目標不是只要成員們建立彼此的好感而已，我們希望他們能改變潛在心態，從『我們是各自獨立的』變成『我們是一體的』。」

　　夏里夫說地點的選擇是成功的關鍵要素。「我們希望營造出一種明亮、安全的氛圍。我們不希望讓任何人覺得『如果我走進這裡，一定會被人在生理上、精神上或情緒上給生吞活剝掉。』但從另一方面來說，我們也希望它帶有一點冒險的感覺。因此我們在某嘉年華會的市集咖啡座上，直接舉辦咖啡館對話。賣咖啡的老板是我們的贊助者之一，附近店家也是贊助者。贊助店家提供的利多優惠之一是，與會者可以免費享用價值五美元的拿鐵咖啡和點心。」

> 在安全與冒險之間做好平衡上的拿捏，是舉辦優質咖啡館的核心關鍵。

　　誠如夏里夫所發現，在安全與冒險之間做好平衡上的拿捏，是舉辦優質咖啡館的核心關鍵。而且採用小的咖啡桌（或者一桌頂多坐四到五個人）似乎很有利於這種平衡。研究科學家羅依德‧菲爾（Lloyd Fell）曾參加過艾倫‧史都華（Alan Stewart）所主持的交談咖啡館（Conversing Café），該咖啡館對話的目的是為了重新設計澳洲當地的一家文化中心。當時羅依德感覺得到有「一股強大的能量……流竄整個會場。彷彿有某種東西因這場邀約而得以宣洩開來，在咖啡桌的私密環境下盡情地暢所欲言。」

　　史丹芬恩‧汪格史泰（Stefan Wangerstedt）曾將世界咖啡館對話引進瑞典的各大銀行和醫院體系，他用了一個有趣的比喻，來說明世界咖啡館是靠何種方法，創造出一個有利催生新觀念的安全心靈空間。他提

到他第一次在某大瑞典銀行，和主管們共同主持咖啡館的經驗。他說咖啡館就像「一種孕育的場所，你可以在這裡盡情探索從對話中所誕生的構想，它就像新生命一樣，也擁有各種生命階段。世界咖啡館提供了一個安全的空間，專門為那些未出世和新誕生的生命提供養分及各種需要。桌布就像一個集中點，是所有構想集中誕生的地方。」因為安全、因為有趣、因為好玩、因為私密、因為包容……種種的結合，打造出一個活潑、引人入勝的空間，它可以接受各種新奇的視野和別出心裁的結合方式。

無法言傳的品質

當我重新閱讀各領域專家的意見，以及我們和世界各地咖啡館主持人的對話心得時，我不由得再次想起著名建築師克里斯多佛‧亞歷山大（Christopher Alexander）所提出的觀念。在亞歷山大早期的著作《永恆的建築法》（*Timeless Way of Building*）中，他曾提到，在人類的心靈深處，一直潛藏著一種肯定生命的深層模式，以至於當你想用具體的形式去榮耀和彰顯它時，便會不由自主地讓心靈深處那個毫不做作又完整的我浮現出來。他曾在一段很美的文字裡提到「無法言傳的品質」（quality that has no name）——這種品質會深植於地方和空間裡，就像他說的，會讓人覺得舒服、自由、圓滿和充滿活力。「擁有這種品質的地方，會將這種品質引進我們的生活中……它是一種可以自給自足、自我維修和持續生生不息的品質。它是生命的品質。為了我們自己好，我們必須設法從周遭環境裡去找到它，因為唯有如此，我們才能讓自己變得有活力。」（1979, p. 53）

換言之，我們創造宜人好客的環境空間是有目的的，我們拿它作為咖啡館的手段之一，去催生出合作對話、共同學習和集體見地。我們從不同文化當中所得到的各種咖啡館經驗，都在在肯定了克里斯多佛‧亞

歷山大的基礎見地。也許這一切真的就是這麼簡單與平凡。如果有某個
環境可以讓我們進行溫暖、友善、可靠和誠懇的對話,它就比那些對人
類靈魂來說不夠友善的環境,更能幫助我們勇於面對難題,探究各種先
入為主的觀念,創造出我們真正想創造的東西。靠你的創意,去想辦法
引出那個無法言傳的品質,這是身為咖啡館主持人的我們,最大的挑戰
與契機。

問題的反思

• 想想看你曾參加過哪些真正很棒的對話。它們都是靠當時的佈置或環
境空間(不管是生理上或心理上)而加分的嗎?

• 仔細想想那場即將而來的會議或對話。它在什麼地方舉辦?你會在哪
些小地方上做些安排,使那個空間更舒適更吸引人?為讓與會者覺得
受到歡迎,你自己會親自做什麼事?。

• 你認為哪些同事可能會覺得這些點子很不錯?你會找他們一起研究方
法,以便讓這場會議或集會的空間更迎合人意?

第 **5** 章

原則三

探索真正重要的提問

從本質來說，問題和行動是息息相關的，它們會激出火花，左右注意力、觀念、能量和努力的成果。這也是我們人類生命演化真正的呈現形式……要創造，就得提出真正的問題。所謂真正的問題，是指答案尚未揭曉的問題。提出問題就像對創造力廣發邀請函一樣，目的是喚起那些尚未存在的寶貝。

要是黃金真的深藏於對偉大問題進行探索呢？

談問題的咖啡館

世界咖啡館社群成員口述

對於真正重要的問題（這也是世界咖啡館匯談辦法的關鍵特色之一）所帶來的影響和潛在力量，我們都有過共同的學習心得，許多世界咖啡館主持人也在這方面貢獻良多，因此在這場虛構的咖啡館裡，我特地提出他們的看法。此外，也放進若干同事的聲音，他們都曾主持過咖啡館匯談，並針對「問題中的問題」（question of questions）寫過文章。在組合這段文字的過程中，我保留了個人反思的精神與精髓，同時大膽加入其他咖啡館主持人的想法，因為他們也是我們在許多共同發現上的幕後功臣。請聽！參與對話的成員在就座之前，正要開始自我介紹……

華妮塔：歡迎來到這家談問題的咖啡館。在座每個人都參加過世界咖啡館對話。但請容我再說明一次這裡的作業方式。我們總共有三個回合的對話。擔任咖啡館主持人的我，會在每個回合快結束前通知大家。到時，其中一個人留在原桌擔任主持人，負責招呼從別桌轉來的客人。

第一回合：開始對話

這些客人會把他們在前一桌所形成的思想種子，帶進下一回合的對話裡。最重要的是，你們必須清楚桌布上各種圖形、符號和文字所代表的意義，繼續為它們作延伸和銜接。請注意在對話中呈現出來的模式及共同的話題，以及那些突然讓你茅塞頓開的事情。也許我們可以從我寫在活動掛圖上的問題開始著手：

透過問題的運用，展開合作同步學

習，得到或許有助於他人的集體智慧，關於這一點，你們有什麼心得？

　　你們當中有些人可能早就認識，有些人則完全不熟。所以在你進入話題之前，最好先自我介紹一下。

　　（現場出現短暫的沉默，然後其中一桌開始出現對話……）

　　大衛 M：好吧，我先開始。我叫大衛・馬新（David Marsing）。我在英特爾公司（Intel）任職多年。目前我正在進行新事業及新社群的工作。我第一次見識到世界咖啡館，是在那場堪稱史上首屆的智慧資本先鋒會上。

　　薇娜：嗨，我是薇娜・艾莉（Verna Allee）。我沒參加過那場史上首屆的咖啡館對話，但我曾受邀參加後來又舉辦的智慧資本先鋒會。我剛寫完一本書，書名是《知識的演化：擴張組織智慧》（*The Knowledge Evolution: Expanding Organizational Intelligence*）。所以各位應該可以想像得到，我對剛剛的問題是很有興趣的。

　　托克：我叫托克・莫羅（Toke Moller）。聽我的口音，就知道我不是加州人，我是丹麥人。我和我太太莫妮卡（Monica）都是在歐洲、加拿大和美國各地舉辦與主持技巧有關的研討會。從集體智慧的角度來看，我對世界咖啡館很有興趣。

　　大衛 I：歡迎你的加入，托克！我是華妮塔的夥伴，大衛・伊薩克。我想我乾脆直接開始好了。我覺得問題可以為我們打開多扇通往集體發現的大門。Question 這個英文字是從「quest」衍生而來──意思是展開旅程，尋找某種重要的東西。

　　托克：對我來說，一個好的問題可以帶我們進入搜尋的國度，尋找各種新的可能。舉例來說，我曾在丹麥的一個小社區裡主持過一場咖啡館，討論當地學校的未來走向。我們花了很多時間，想要提出一個最恰當的咖啡館問題。有時候，找到一個好問題比實際下場主持咖啡館還要難！後來我們終於找到了，我們要問的問題不是「學校要怎麼做才能更上一層樓？」也不是「我們該如何幫學校收拾善後？」而是「一所好學

校可以是一所什麼樣的學校？」這個問題不針對已經發生的事情作任何評斷，也不需要你當下立刻行動。這個問題的問法，有點像在邀請大家共同探索未來的各種創意選項。

大衛I：一般人往往會想快點行動。但我發現一開始先探索問題，可以讓人們對彼此的想法有更深的共識。此外，他們會開始盡責提出自己最好的點子。這對共同展開有效行動來說，是很重要的一環。

托克：沒錯！如果你探索的問題，正好是大家都很重視的問題，有效的行動就會順勢而生。很奇怪的是，行動通常是由一場有生命的對話當中衍生出來的，但卻不必然是一開始就先設定好的目標。

大衛I：所以你在丹麥的教育咖啡館所提出的問題，比較像是在邀請大家發揮創造力，展開探索，而不是命令他們立刻走出去做點什麼，或幫忙收拾什麼。

托克：沒錯，你提出的問題必須能傳神描繪他們當時的處境，以一個最有趣又最中肯的角度去切入，然後利用那股集體能量，去創造前進的動力，自然就會形成可行動的知識。

大衛M：什麼樣的提問有這麼大的能耐？

薇娜：我一直在想什麼樣的問題具有生命？對我而言，最有能量的提問就是那些可以喚醒人們價值、希望和理想的問題──這種問題關係到比較大我的部分，是他們可以作出結合和提出貢獻的。一般人如果聽到問題和消除痛苦或收拾善後有關，多半提不起勁兒。

大衛I：但痛苦就真的來了！

薇娜：我的意思不是說你沒辦法處理痛苦這種事，而是說你可以為這個問題的背景作定調，喚起集體的責任，而不是喚起大家對痛苦的記憶。我舉個例子。我最近曾和某大型組織合作，它的一流人才都離職投效別的競爭對手去了。大部分的人提出的問題都是：「我們該用什麼方法才能防止人才的流失？」這種問法其實也OK，但絕對不是一個夠力的問題，因為它強調的是如何療傷止痛。比較好的問法可能是：「我們

該如何留住最好的人才？」這個問題就架構來看比較正面，但還是沒什麼力量。你必須找到一個他們一看到就很興奮、就很精神百倍，而且對他們來說很重要的提問。

大衛 M：所以以你的例子來說，最好的問法是什麼？

薇娜：我先找那些未來可能被別家公司挖角的重要人才一起商量，想出一個對他們來說夠鮮活的問題，這個問題關係到他們個人，也關係到他們的集體前景。譬如：「如果這是一個我每天一早起床就很想趕快去上班的地方，那它會是什麼樣子呢？」或者「我在公司最風光的時候是什麼時候？當時我很喜歡去公司上班，是什麼原因造成的呢？」——然後再從這裡找出下一個問題。

大衛 I：把原本的麻煩當成問題來架構，這是一個很重要的轉換。我曾在某全球皮革商品公司，和他們的領導團隊舉辦過一場未來式咖啡館（Futuring Café）。結尾時，我問與會者，對他們來說，最大的價值收穫是什麼？大部分人都說，他們認為能把一個挑戰、議題或一個麻煩，轉換成一個提問，就是他們在學習上的最大收穫。

薇娜：當他們在做轉換的時候，這中間會出現什麼樣的心情轉折？

大衛 I：一聽到麻煩這兩個字，往往給人一種說不出來的無力感。「我們有麻煩了……天啊！不會吧！又出現另一個麻煩了！」這些話裡行間都帶有疲憊和受困的感覺。只要把焦點從麻煩本身轉移到具有啟發性的探索上，就能協助大家爬出泥淖，開啟大門。

大衛 M：我覺得一個好的問題在某方面就像一顆水晶的種子。好的提問是從一場對話開始，這場對話會逐步形成更複雜豐富的格局，以你意想不到的奇妙方法不斷長大。當然這也必須有適當的外在條件才行。但種子本身，也就是那個原始問題，非常重要。沒有那顆種子，水晶就不會長大，或者說不會長得那麼美或那麼徹底。

薇娜：好的問題除了可以曝露處境上的其他切面之外，我還發現它也會幫忙集中我們的精神，就像冥想一樣。一個具有催化力的問題，它

會像磁鐵一樣吸引個人或集體的注意。我們必須重視這一點。

　　托克：我很欣賞你們對有力問題的重視態度。在咖啡館對話裡，問題就像是一個「吸引子」（attractor），會使團體的集體和深層智慧悉數釋出。它可以帶來很大的凝聚力，彷彿它有一個看不見的能量磁場在附近形成。

　　（對話出現中斷。）

　　大衛l：我們已經針對有力問題的各項屬性作了一些討論，包括它是一個真正重要的問題；它會吸引和產生能量；它可以開啟各種可能；它需要深入的探索，諸如此類等，還有其他想法嗎？

　　托克：我再補充一點，一個好的問題通常很簡單。問題若是太複雜，太一板一眼、或太抽象，反而會不知道它的重點是什麼。一個簡單的問題可以引出各種聲音。就像「一所好學校可以是什麼樣的學校？」這個問題，即便年紀很小的學童也能回答。然後我們就可以繼續請教每個人：「根據這些構想，你認為學校的未來會如何？」年輕人的意見都很棒，譬如他們會想擬出屬於年輕人的十誡，大概規範父母、學生和老師應付的責任──這一點真的讓大人跌破眼鏡！而這一切都始自於最早先的那個簡單問題。

　　薇娜：在我的經驗裡，好的提問可以創造出某種張力和衝突，它會拉著我們前進，縮短我們的現有知識和新知學習之間的差距。

　　大衛l：而且它可能不只是單一個提問，可能是一系列的相關提問，它們會趁咖啡館進行期間彼此共構起來。但你必須注意這中間的演變，這樣一來，才能為你自己或整個團體設法找到下一個可供深層探索的提問。

　　（華妮塔靜靜地舉起手，其他人看見她舉手，也跟著照做。於是隨著這回合對話的接近尾聲，會場逐漸靜默下來。）

　　華妮塔：好，現在我們繼續下一個階段。請移位到別的咖啡桌上，繼續你們的對話。其中一個人必須留在原桌擔任主持人，負責歡迎從其

他桌過來的來賓。不管誰擔任主持人，
都請務必確保對話開始前，先由每個人
進行簡單的自我介紹，再向新進成員說
明桌布上的記載內容，一定讓你的座上
賓知道你們之前的對話進展如何，這樣
一來，才能在各種思想上繼續作連結。
請不要忘了繼續在桌布上記錄和塗鴉。
在第二回合的對話裡，請務必仔細聆聽
這中間有什麼模式或關聯性正在浮現當
中。

第二回合：更換桌次間的座位

大衛M：我留下來當主持人。

（另外來了三個人，他們在就座時，互相握手寒暄。）

大衛M：歡迎光臨，我是大衛・馬新，這一桌的主持人。我過去曾
在英特爾公司工作，在我擔任主管的那段期間，我曾把世界咖啡館對話
帶進營運作業中。

芭芭拉：我是來自惠普（Hewlett-Packard）的芭芭拉・汪（Barbara
Waugh）。對我來說，雖然我從來沒辦過正式的咖啡館學習活動，但世
界咖啡館的模式其實就是我在HP長期工作的寫照，也是常常利用適當
的問題去催生出對話，派人出去進行意見的交流，以及放手讓某些事情
自然形成。也遇到過很多挫折。

艾瑞克：嗨，我是艾瑞克・沃格特（Eric Vogt）。我在國際企業學
習協會（International Corporate Learning Association，簡稱InterClass）
擔任協調工作，以前曾參加過華妮塔和大衛早期辦的智慧資本匯談。

蘇珊：我是蘇珊・史吉（Susan Skjei）。我曾為納羅帕大學（Naropa
University）的馬帕商業經濟中心（Marpa Center for Business and
Economics）開發過主管領導力的課程，這種課程是把反思練習和領導
技巧結合在一起。

大衛M：你們可以從桌布上看見美麗的圖畫和草稿……

（他邊笑邊向大家介紹第一回合對話所生成的圖畫、構想和草稿。新到的來賓則開始補充他們的看法。）

艾瑞克：（他在評論案前的圖畫與筆記內容）真不可思議！有些也是我們在別桌上提到過的事情。譬如你們的桌布上有寫，問題要更開放，但也要和大家所關心的重點有所銜接。這個說法和我們前一回合的探索有點不謀而合。我可以在這裡畫個小圖嗎？（他拿起一支綠筆，在桌布上畫了一個小小的圖表，上頭寫著「架構」、「範圍」、「基礎前提」等字眼。）

架構和提問的結構有關，它的意思是它是以開放式的提問來架構嗎？它不能只是一個是非選擇題或複選題。舉例來說，如果你的問法不是「在考慮要不要搬到阿布奎基市時，我們必須先權衡哪些事情？」這類開放性問法，而是直接問「我們應不應該把公司搬到阿布奎基市去？」最後的答案絕對只有兩個：搬或不搬。

一個事先定好範圍的問題，可能就像你們之前在這張桌上談到的，不是和解決麻煩有關，就是和收拾善後有關。如果你的問法是「學校所面對的最大難題是什麼？」它的範圍絕對會比「一所好學校也可以是一所什麼樣的學校？」這種問法要來得狹隘多了。

至於問題的基礎前提部分，那就更微妙了。若能事先知道問題背後的觀念或基礎前提是什麼，並有目的性地配合它們來做，這會對探索的成果造成很大影響。這是我們截至當時的討論結果，也許你們可以幫忙發展下去。

芭芭拉：艾瑞克，我很欣賞這種思考問題的方式。它可以讓我從另一個角度去看清楚我在HP的現況。我想我可以補充一些和基礎前提有關的事情。我可以提供一個HP的真實個案，想不想聽聽它的整個來龍去脈？

（桌上來賓全都點頭，鼓勵她繼續說下去。）

當時我正在幫忙策畫HP實驗室的願景勾勒活動，我們所提出的問題是：「我們該怎麼做，才能打造出世界上最頂尖的工業研究實驗室？」我們針對這個問題展開全球連線式的互聯對話。但如今回想起來，我們也像是在舉辦一場世界咖啡館，即使整個匯談並不是在同一個房間裡進行。但是有一天，有個叫勞利（Laurie）的工程師跑到辦公室對我說：「老實說，如果換一個問法『我們該怎麼做，才能為世界打造出最頂尖的工業研究實驗室？』我想我會比較帶勁兒。」

（芭芭拉在艾瑞克的「基礎前提」圖表下方，多添了兩個HP的願景提問。）

只改變幾個字，就能徹底改變整個探詢過程背後的基礎前提──「我們該怎麼做，才能打造出世界上最頂尖的實驗室」，這句話的背景絕對比「我們該怎麼做，才能為世界打造出最頂尖的實驗室」要膚淺多了。而這小小的改變竟帶來了可觀的集體能量，不只在HP實驗室裡，就連全公司上下都為之騷動。因為這不再只是實驗室的問題，反而成了HP公司裡眾人競相反問自己的問題。我的看法是「打造出世界上最頂尖的」這個說法，它是以競爭作為基礎前提。至於「為世界打造出最頂尖的」說法，則是以貢獻為基礎前提。

（芭芭拉在桌布上的兩個問題底下分別添上「競爭」與「貢獻」幾個字。）

一旦我們進入核心問題「我們該怎麼做，才能為世界打造出最頂尖的實驗室？」我們就能視情況增減範圍。我稱它們為放大或縮小問題。譬如，我們可以把問題縮小成「『為世界而存在的HP』這句話對我來說有何意義？對我的生活、我的工作來說又有何意義？」或者我們也可以把它放大成「『為世界而存在的HP』對我的工作團隊、對我的部門或對整個HP公司來說，有何意義？甚至我們要問這句話對世界本身而言，意義何在？」

（蘇珊在桌布上潦草寫下「放大／縮小」四個字。）

　　大衛M：太棒了！或許以後我們為企業提出問題時，都應該帶有一點「為這個世界著想」的意味。

　　蘇珊：你們知道嗎，大衛‧伊薩克告訴我，有時候他覺得事先不準備問題，效果反而更好。他喜歡問咖啡館成員一個問題：「如果要深入探究的話，你們覺得什麼核心問題，對我們目前正在思考的這件事有決定性影響？」或者「什麼事情是我們該知道卻不知道的？如果知道的話，整個情況會獲得很大改善。」這樣一來，他們就會利用自己的所知所學去找出各種問題。

　　大衛M：這很有趣！我參加過很多年的冥想活動。在冥想中，刻意處於「未知」，反而可以成就冥想中的一種「初心」狀態。在東方傳統裡，它被視為所有智慧的開端。

　　（整個會場有股能量正在四竄，與會者個個傾身向前，神情專注。

華妮塔再次不發一語地舉手，眾人看見她的動作，也開始跟著舉手，整個會場再度陷入沉默。）

華妮塔：現在進行第三回合。請回到你們剛開始的座位上——也就是原來的咖啡桌上。現在請花幾分鐘的時間分享你們的對話進展，並請反問自己一個問題：「有什麼是我們目前為止仍然『未知』的部分？對於如何有效利用提問去帶動合作學習和激發集體智能，還有哪些更深入的問題是我們沒有想到的？」請想出兩到三個你們認為很重要的提問，然後把提問個別寫在桌上的星形便條紙上。等到這一回合結束，我們會展開「全體對話」，屆時便能知道成果如何。

（人們回到原來桌位上，開始分享他們從多元對話中所察覺到的共同主旨與見地，也把他們共同認為需要做進一步探索的深入問題給勾勒出來。然後華妮塔走到會場中央。擔任繪圖記錄員的葛雷程‧皮薩諾（Gretchen Pisano）則在會場前方那張充當全體桌布的大型壁報紙前，賣力工作著。）

華妮塔：先讓我們聽聽其中一桌的意見，如果別桌所提的問題也和他們有一定的關聯，請踴躍發言，屆時我們就能看出其中的成果。如果別人不認識你，麻煩你先報上名來，簡單介紹一下自己。

（開始有來自不同桌次的人起身發言。）

保羅：我是保羅‧玻拉斯基（Paul Borawski），美國品質協會（American Society for Quality）的執行長。我們這一桌一直在談一個問題，這個問題和坐在薇娜旁邊的那位大衛‧馬新先生所提到智慧的開啟很有關係。而我也很好奇：「我們要怎麼創造出一個層次豐富的問題，這種問題可以引出深奧和周全的答案，完全不同於『平面式』的問題。平面式問題沒有辦法引起迴響，無法引起人的好奇，也無法帶動創造力。」

莫妮卡：我是來自丹麥的莫妮卡（Monica）。我和托克‧莫羅過去幾年的工作重心一直擺在主持技巧上。我們這一桌有提到一個問題，我

覺得這個問題點出了一個重點，教我們如何讓咖啡館對話有更大格局的視野：「我們要怎麼提出一個簡單至極的問題，簡單到足以穿透一切──一針見血？所謂的簡單又是多簡單呢？」

卡羅斯：這是一個很棒的問題。我是卡羅斯・蒙他（Carlos Moto），我在墨西哥一向把咖啡館運用在情境和策略規畫上。有一次，有個朋友告訴我她的面談經驗。那位主試者說：「我們只想請教你一個問題，這個問題就是：我們應該請教你什麼問題呢？」我對這件事情的印象深刻，也因此讓我不免好奇：「身為咖啡館主持人的我們，總認為自己可以找到或設計出各種直指核心的問題，但這種想法真的切合實際嗎？──或者說，這個工作其實應該由最貼近問題本身的人來做才對？如果這件事真的該由這些人來做，那麼對於負責規畫咖啡館的我們來說，這又意味了什麼呢？」

玻：你的說法很精采！我是來自瑞典的玻・蓋勒帕恩（Bo Gyllenpalm）。我在菲爾德研究院教書（Fielding Graduate Institute）。我認為我們的問題和你的很有關聯。我們這一桌的疑問是：「我們可以在一開始就用哪些方法去挖掘出一針見血的問題？甚至早在咖啡館還沒開始前就先這麼做。」或許這意味你必須在邀請函上直接註明，請大家把他們自認為和這次咖啡館主題有迫切關聯的問題先寄給我們。然後再把回函裡的問題全部貼在會場上，讓與會者一走進咖啡館就能看到。或者我們可以從這些問題當中，挑出一個最重要又最有力道的問題，然後用這個問題來開場。

肯恩：我是肯恩・賀蒙（Ken Homer）。我曾幫忙創辦世界咖啡館網站，目前我正在全球各地致力於世界咖啡館社群的開發事宜。我們可不可以談一下另一個領域？

（來賓們全都點頭同意，於是他繼續說下去。）

我們那一桌提出了一個更大格局的問題。我們想的是芭芭拉的例子，如何在問題裡做一點小小的改變，就能擴大格局，甚至在全公司上

下引起迴響。我們好奇的是：「你要如何找到那些真正可以『無往不利』的問題，它可以在咖啡館集會裡引起廣大迴響，也可以超越任何環境的局限，就像HP的例子一樣，搖身一變，激起更大格局的變革。」舉例來說，要靠什麼樣的有力問題，才能讓世界各地的咖啡館主持人，像社群一樣真正團結起來？

華妮塔：這是一個很棒的問題，值得我們共同反思。雖然已經進入全體對話的時間，但我相信我們還沒有把所有重點問題都提出來。所以希望大家趁休息時間，把原本寫在星形便條紙上的問題，悉數放在前方這張大壁報紙上──也就是我們的探詢之牆（Wall of Inquiry）。等你們休息回來之後，可以順便參觀上面的內容，再私下把看似彼此相關的問題分門別類。等到休息時間結束後，我們再花幾分鐘的時間，看看這其中有哪些真正重要的問題是大家共同認定的，或許它可以讓我們有更深一層的共識。謝謝大家的參與！

（輕柔的爵士樂緩緩流瀉於會場之中。許多人拿了咖啡之後，還是留在會場裡三三兩兩地討論，接著慢慢走近探詢之牆──有的是自己過去，有的是結伴過去。等到二十分鐘的休息時間快結束時，已經有許多人在那裡玩起星形便條紙，直到牆上開始出現不同群落的便條紙，各自反映出他們對不同問題的意義模式所產生的集體認知。儘管沒有人要求他們這麼做，但還是有人從葛雷程那兒拿來更大張的星形便條紙，再把那個「偉大提問」〔big question〕貼在某個群落的便條紙之上，代表那個群落的核心思想。所有人員都回到了會場，但還是沒有人坐下來，反而全都聚集在探詢之牆那兒，看看自己的共同傑作。

南西・瑪格里斯是咖啡館早期的創始人之一，她在前幾個回合的咖啡館對話中並不太發言，但這時候的她卻帶頭協助與會者修飾和釐清所謂的偉大問題。約莫過了十分鐘之後，大家才有了休兵的打算。這些與會者已經又另外多補充了幾個重要問題，這些問題的出線，等於為這整個探索範圍劃下了休止符。大家在平和的氛圍下，靜靜欣賞著這些集體

見地。）

　　我是從麥克・西曼利克（Mike Szymanczyk）身上第一次學到「自我要求式地專注（disciplined attention）於真正重要的提問」，這一點很重要。麥克是美國Philip Morris煙草公司的現任董事長及執行長，他是一位很聰明的系統思考家，也是大型組織變革的創新締造者。現在的他正與其他企業領導人，積極尋求機會，和公司內外的相關利益者展開合作匯談，以便配合社會期許進行腳步的重整，重新打造公司的未來。我和麥克曾為好幾家企業的策略性變革行動合作共事近二十年。隨著時間的日積月累，我開始注意到他常常能提出令人驚豔的企業和組織見地。莫非麥克硬是比別人來得聰明？還是他的直覺能力就是高人一等？抑或冥冥中有什麼策略之神總是庇佑著他？（這是我最喜歡的說法！）

　　我問麥克，可不可以坐下來聊聊他的這些策略見地是怎麼來的。麥克的那場談話，著實改變了我對問題的看法，原來問題是可以影響未來的共同發展。而他的觀點，也著實影響了世界咖啡館在發掘和探索真正重要提問時所用的方法，那就是自我要求式的專注方式，而這也成為世界咖啡館的重要特色之一。麥克沉思道：

　　　　對我而言，發展策略就像淘金一樣。只要你能找到那個「偉大的提問」，金子就藏在裡面──這種提問是貨真價實的策略性提問，可以引出眾人的能量以及朝未來前進的學習力。但你要用什麼方法才能找到金子呢？首先，你必須有心找到它，你要有好奇心。有了這兩個條件，你自然會往你認為可能藏有金子的地方前進，你會隨身攜帶最棒的工具，你會以自己的經驗和直覺作後盾。

　　你的搜索行動會遍及天涯海角——這正是你真實生活的寫照。拿我自己來說，那就是我們在生意上、組織裡和社交上的尋常寫照。你會開始注意周遭領域的各種細節，因為你很清楚，金子可能就在你的腳下。在這個旅程中，你會注意那些有趣的形形色色，因為你知道，你可能正在開闢新的天地，也可能正在走出一條你自己的路。你會翻開石頭，看看底下有沒有金子的蛛絲馬跡（某些爭議和問題），或你可以因此循跡找到金塊的藏身之處（那些偉大的問題）。當你審視自身的處境時，你會放眼天際，試圖找出其中的變化趨勢或其他外在徵候。至於成果如何，就得看你的好奇心和想像力能把你帶到什麼地方，找到你從自身處境裡所參透的那個偉大問題。

　　我應該強調一下，我說的是提問，不是麻煩——提問的陳述方式，結尾一定有個問號，絕不是句點或驚嘆號。譬如「Ａ和Ｃ之間的關係是什麼？這裡頭潛藏著什麼更深層的問題？」「如果把Ｘ用在這裡，我們要問的是什麼？」「假如是Ｙ，我們該如何……？」或者「這裡面最實際和最基礎的問題是什麼？」把你的爭議點架構成提問，而不是麻煩，這是最難的地方，因為我們太習慣在思考的時候，先架出一個麻煩的框框。可是當人們開始共同提問時，某種最根本的東西會出現變化。提問比較能創造出一種學習性的對話，而不是針對麻煩，展開了無新意的爭辯。

　　從麥克的觀點來看，找出那個偉大的提問是很重要的，於是我根據這個大方向，開始把探索真正重要的提問視作早期處理策略性匯談的關鍵要素。隨著我們在咖啡館學習經驗的累積，世界各地的咖啡館主持人也終於開始明白，強調催化性提問（catalytic questions），這對同步知識的生生不息來說有多重要。

為什麼提問有舉足輕重的影響

　　試想我們今天之所以對這個世界瞭若指掌，可能就是拜人類好奇心所賜。他們對自己的興趣或疑慮提出問題，甚至是一系列的問題，然後從中學到新的知識。許多諾貝爾得獎人把「發現的當下」與「終於找對問題」劃上等號——即便他們後來花了許久的時間才找到最後的答案。舉例來說，愛因斯坦相對論的起因，來自於當年他還是十幾歲時所好奇的一個問題：「如果我是騎在一道光束上，那麼這個宇宙看起來會是什麼樣子呢？」有人請教另一位諾貝爾得獎人——物理學家班佳斯（Arno Penzia），他是靠什麼才成功的？班佳斯的回答是：「因為我找到一個關鍵性問題。」

> 真正的提問（我們還沒找到答案的問題）是很歡迎各種創見的。

　　真正的提問（我們還沒答案的問題）是很歡迎各種創見的，它會召喚出前所未見的構想與見地。我們之所以能跨進未來，每一步的腳印都是因為有某個人或某個團體想知道，如果現況有了改變或改善，可能會變成什麼樣子——他們希望能反問自己：「如果我們用不同的角度來思考，會出現什麼樣的變化？有什麼問題是我們還沒想到的？但如果想到的話，或許就能改善我們現在的處境。」

　　現在大家已經越來越瞭解，靠精心設計過的提問，去激發創新的思維和實際的行動，這一點有多重要。舉例來說，在談到肯定式探詢法這十多年的研究和實作成果時，大衛・庫柏萊德和黛安・惠特妮（Diana Whitney）都很清楚表示：「截至目前為止，我們從肯定式探詢法身上所得到的一個重要見地是，人類制度的發展是循著人類發問的方向而行。」公共對話研究計畫（Public Conversations Project）專門針對意見兩極的公共議題展開建設性對話，它的創始人蘿拉・加辛（Laura Chasin）點醒我們，提問擁有一股不為人知的力量。它有本事升高衝突（我們要怎麼報復？），也有本事加深彼此共識（我們要用什麼方法才能

讓彼此達成真正的共識？）。蘿拉鼓勵我們共同發展未來，尤其是在不確定的年代，而方法就是：把「對話的重心擺在正確的提問上——換言之，我們可以提出最有建設性和最具催化力的問題」。如果提出好問題是這麼地重要，那麼作為對話主持人的我們，又該怎麼做，才能以更純熟的技巧去打造出重要的提問呢？

提問要有力量，它的技巧和結構是什麼？

　　富蘭恩・皮維（Fran Peavey）是一位擅用策略性提問技巧帶動社會改革的先驅。雖然我們只見過一次面，但對於如何建構夠力的提問，他的見地深深影響了我。富蘭恩認為「提問就像一根槓桿，你可以用它撬開油漆罐的蓋子……如果槓桿比較短，我們只能開一個小縫，如果槓桿夠長，或者說問題夠力，我們就能撬開更大的洞，拿出一番真正的作為。」。舉例來說，印度舉辦了一場社區發展活動，目的是為了解決恆河的髒污問題。「短型槓桿」的問題（只能得到肯定或否定兩種答案）可能會問：「你有沒有想過徹底解決這條河的污染問題？」至於「長型槓桿」的提問則可能有：「當你看著這條河時，你看到了什麼？你覺得這條河的情況有多糟？你要怎麼向你的孩子解釋這條河為什麼這麼髒？」這種比較開放式的提問是在鼓勵大家先思考清楚，再作回答，這樣一來，才有機會作更進一步的探索與正面的變革。

　　富蘭恩說：「策略性提問過程的基本前提之一是，知識本來就鮮活地存在於所有人之間……重點是你的問法必須能幫助個人或系統自動釋出點子或能量。」這段話與我們對世界咖啡館學習性對話的看法不謀而合。

　　要架構出可喚起我們內在智慧的策略性問題，其中技巧涉及目的、注意力與能量的集中，此外還要提升我們對未來的集體洞悉力。

　　唯有先瞭解夠力的問題是由什麼組成，才有可能實驗性地慢慢增加

問題的力道，看看它對你主持的對話造成什麼影響。舉例來說，在重要對話開始之前，先找同事花幾分鐘的時間，共同寫出幾道和主題有關的問題，然後就各問題的力道作出評分，看看你能不能找出原因，為什麼有些問題硬是比其他問題來得有力量。試著改變問題的結構和範圍，就像艾瑞克・沃格特在本章開場故事裡的建議，或者像芭芭拉・汪在惠普公司的那場全球計畫所做的事情。試著檢討問題本身是不是帶有什麼基礎前提？它對你的探索作業有利或有害？舉凡你在對話中聽到、讀到或提出的問題，都請注意它的影響力道。只要多練習幾次，你就有那個能耐可以參加探詢式對話，在會中提出絕對夠力的問題。

　　多觀摩別人的好提問，也是為自己刺激創造力的方法之一。在戴安・惠特妮和大衛・庫柏萊德所合著的《正面提問大全》（*Encyclopedia of Positive Questions*, 2002）一書中曾列舉數百個問題，他們曾利用這些提問，靠肯定式探詢的方式，為組織和社群誘引出各種創新的構想及可能。在第十章裡，我們也會列舉幾個很通用的問題，世界咖啡館主持人普遍認為不管是何種情境下的咖啡館或匯談，這些問題都有助於凝聚集體注意力，結合不同構想，創造前進的動力。不管是組織還是社群，只有真正重要的提問，才能帶動探詢法這個領域（一個多產但不失焦的領域）的生氣，十足展現「連貫但不受約束」的特性，因為不斷擴張的人際網絡，會讓人在面對共同探詢的重點提問時，不吝分享自己的答案。請好好探索組織或社群裡的偉大提問，利用那些能夠引出能量及真正可以「無往不利」的策略性提問，催生出更多的對話，那才是我們今天茁壯自己所需用到的知識，也是建立永續未來所需用到的智慧。

各種提問在網絡裡流竄

問題的反思

試想一場即將來臨，且由你主持的對話，反問自己以下問題：

• 什麼問題如果經過徹底的探索，或許就能如我們所願地得到突破？

• 這個問題對於負責探索的人，他們的現實生活或實際工作來說，有很重大的意義嗎？

• 這是一個如假包換的問題嗎？——換言之，我／我們真的不知道這個問題的答案嗎？

• 我希望這個問題能發揮什麼功能？換言之，在我的想像裡，這個問題可以讓那些負責探討的人產生什麼樣的對話、認知和感想？

• 在建構這個問題時，已經先有了什麼樣的前提或基本觀念？

• 這個問題可能會讓在場人士燃起希望、發揮想像、全心投入對話、刺激出新的思考方向，甚至展開前所未見的行動嗎？還是只會讓大家注意到以前種種的麻煩和阻礙？

• 這個問題會留足夠空間給其他新的問題，供人加以探索嗎？

這些問題改編自莎莉安‧羅斯（Sallyann Roth）的《公共問題計畫》（*Public Conversations Project*）一書，版權所有©1998。

第**6**章

原則四
鼓勵大家踴躍貢獻己見

貢獻這個觀念很有啟發性,因為它結合了「我」和
「我們」這塊領域。我們之所以貢獻,是因為我們都
屬於某種大我的一份子,只不過貢獻的方式得看個人
的特性而定。

卡蘿·歐克斯(Carol Ochs)

《女性與靈性》(*Women and Spirituality*)

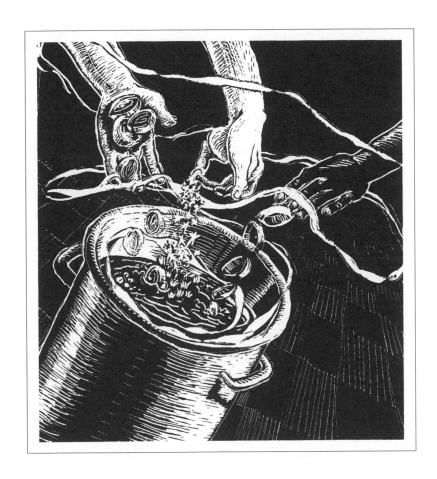

要是你的貢獻真的是關鍵要素呢？

每個聲音都重要：培養一種貢獻的文化：
財務規畫協會

口述者包括

首席執行長珍納・麥肯寇倫（Janet McCallen）；2004年董事會主席伊
莉莎白・傑頓（Elizabeth Jetton）；生涯暨社區發展總監金恩・波托
（Kim Porto）；社區暨知識管理部門總監西恩・華特斯（Sean Walters）

財務規畫協會（Financial
Planning Association，簡稱
FPA）的首要目標是以社群力
量提升財務規畫的價值及其專
業素養。這則共同口述的故
事，是在談如何透過咖啡館對
話，促進意見的貢獻與交流，
也讓我們見識到，FPA是如何
利用咖啡館對話作為核心流
程，使數量龐大的兩萬八千名
會員形成一有力社群，發揮對
未來的影響力。

　　FPA董事會的責任之一，是為成員們建立強烈的
社群意識，因此決定在2001年九月十二日當天的年度
會議上，首次舉辦世界咖啡館——我們稱它為知識咖
啡館（Knowledge Café）——同時決定會後繼續在網
路上展開咖啡館的後續對話。可是，當紐約和華盛頓
的恐怖攻擊事件消息傳來時，我們當下決定延後會議
時間，以及原來規畫好的知識咖啡館。不過我們採取
了另一個極具關鍵的行動：我們緊集召集各分會加入
社群對話，討論恐怖攻擊事件所帶來的現況衝擊。

　　我們把電話會議的時間，訂在太平洋標準時間九月十一日的下午四
點半。本來以為那天的情況那麼混亂，再加上我們是臨時通知的，所以
可能只有十來個成員上線，沒想到竟出乎意料地，有一百二十五名分會
幹部打電話進來！原來他們都極欲想伸出援手，看看能否幫上什麼忙。
於是我們馬上展開線上論壇。短短一天內，原本沒參加過線上匯談的
人，竟然也都主動加入對話，踴躍貢獻己見。於是開始形成一張滿是愛
心的人際網絡與對話網絡，也為FPA社群的日後建立絜下我們從未想見
過的基礎。

　　接下來的幾個月，我們開始邀集全體會員參與面對面的咖啡館對

話，並以他們的需求以及該協會和財務規畫產業的未來前景，作為對話重點。我們已經從早期的咖啡館對話裡學到許多經驗，知道該怎麼做，才不會讓協會過去的慣例，影響大家在意見上的貢獻與交流。舉例來說，以前在做完好幾回合的對話和意見交流之後，我們都會把全體成員聚在一起，進行意見的匯整，而這時候總會有一個人開口對協會領導人說：「接下來，你們要怎麼為我們處理這些問題呢？」因此，這次我們已經學會在一開始架構咖啡館的時候，就先讓會員們瞭解，提問者和解答者都由他們自己來擔綱。協會的領導人當然可以發揮一定的影響力，但絕不是負責「收拾善後」的唯一人選。

我們已經為各種活動舉辦數十次的咖啡館，規模不一而足，從可容納四千人參加的大型年會，到只有特定選民才能參加的小型集會都有可能，其中包括專為兩百七十五名高級財務規畫專員所舉辦的閉門會議，以及為五百多家金融產品服務供應商，再加上我們的董事會及員工所共同召開的經紀自營商大會。從過去的成功和失敗經驗中，我們學會了幾件事：一定要釐清每一場咖啡館的目的；一定要先花點時間設計好流程，才能得到所期待的成果。這個團體為何要集會？他們希望與會者體驗到什麼？這是一個同質性強的團體，因此可以共同探索同一個問題嗎？抑或他們是由各種相關利益者所組成，雖然可以在同一個主題下作探索，但意見可能南轅北轍？為了確保咖啡館流程的圓滿，也為了確保每一位成員的意見貢獻，都能受到重視與妥善的運用，這些都是必須先面對處理的重要問題。為了讓咖啡館的流程能流暢進行，許多細節必須格外注意。除此之外，也可以翻新運用基本的咖啡館原則，盡情發揮各種創意。這對新的主持人來說，有時候的確會措手不及。流程本身是很簡單，但可以發揮的空間卻很大。

我們也學會萬一咖啡館沒有照原先計畫而行，一定要懂得用開放的心態接受眼前變化。其實咖啡館裡一些最有趣的創舉，往往都是在我們突然出現「咦？這怎麼和我們當初規畫的不一樣？我們要怎麼回到正軌

啊？」這類對話時，就莫名其妙地誕生了。最麻煩的是你得反問自己：「是不是這一招失靈了？還是這只是我自己覺得怪而已？」有時候你就是得靠這種怪怪的感覺，才有可能突破現況，產生新的思維和新的知識。每當我們開始驚慌或遇到瓶頸時，總會有個人跳出來說，那我們可以試試看這個或那個啊！反正沒有什麼是不能變通的。

　　當我們在主持FPA知識咖啡館時，最有趣的是你可以就近觀察成員們在看到咖啡館時，以及當我們要他們主動發言時的反應態度。新來的人在進入會場時，往往會出現猶豫和懷疑的神情。但在大部分的咖啡館集會中，一般人倒是蠻能享受這種作業模式，即便當他們得知這和他們當初以為會找外面「專家」來開講的方式完全不同，甚至得主動貢獻自己的專業技術與知識，以利FPA社群的提升，他們也都欣然接受。

　　世界咖啡館這套辦法，已經在網絡的建立和意見的貢獻交流上獲益良多。舉例來說，在丹佛市（Denver）舉辦的知識咖啡館，共有七十五名當地FPA會員參與盛會，主要目的是探討會員的未來事業，他們在會中反問自己：「若要將自己的事業推進到下個階段，你需要藉助什麼樣的力量？」會員們先在第一回合的咖啡館對話裡，確定自己的事業生涯處境。在共計四個回合的咖啡館對話過程中，由於大家不斷互換桌次，快退休的人竟然碰上正在尋找人生導師的新進規畫師，甚至可能遇見他們心目中理想的接班候選人。於是當咖啡館接近尾聲時，會見到新手規畫師站起身來，向即將退休的規畫師揮手致意，反之亦然。拜咖啡館之賜，他們總算彼此「見到面」，在貢獻自己所長的同時，也為彼此的事業互助一臂之力。

　　透過這類咖啡館對話，我們得以把更多責任交託在會員手上。在咖啡館裡，他們必須自己提出他們認為對未來而言很重要的問題及構想。他們在咖啡館裡創造屬於自己的個人關係網絡。於是我們開始看見一種屬於更高情操的會員貢獻與歸屬感。事實上，最近在和兩百五十名分會領袖開會時，我們曾提供他們一些有利主持咖啡館的工具及輔助教材，

並協助他們舉辦咖啡館對話，鼓勵會員在地方上為FPA社群貢獻一己之力。

　　這整個過程也正好反映出FPA成員在參與文化上的改變。現在我們的咖啡館對話已經從會員和員工單純提供意見給董事會，轉變成更強調合作的參與文化。大家都肯為組織和產業的未來主動貢獻己見。董事會、員工及會員們對未來願景也都有更緊密的共識與默契。

　　我們認為我們的下一個目標是深化會員們的公民權觀念。顯而易見，公民是共同創造者，也是貢獻者——絕不只是順道搭個便車的乘客而已。事實上，我們還沒達到那個目標。要求選民展開真正有意義的對話，這對身為領導人的我們來說著實是個挑戰。我們真的願意聆聽他們的聲音嗎？他們怎麼知道自己的聲音已經被聽見？在我們做完這些鼓勵之後，就真的可以把領導權分享出去了嗎？我們真的會尊重他們的意見和貢獻嗎？我們的管理和決策作成辦法會改變嗎？這些問題以及其他各種更多問題，都將無可避免地出現在更大規模的文化變革中。但要回答這些問題也不是那麼容易，一時之間也很難說個明白。但我們會越來越願意面對這些問題，因為我們已經預見這個不斷成長與進化的流程，將為我們這群領導人及旗下會員帶來何種甜美的果實。

透視與觀察

　　當年我在參與凱薩・查維斯及農工朋友的運動時，曾在粉紅屋（Pink House）裡工作過。粉紅屋是一間斯巴達式的小屋，坐落在加州德拉諾市（Delano）九十九號公路旁，一處破敗的藍領階級社區裡。當時粉紅屋裡總是人聲鼎沸，人們在其中穿進穿出——有年輕人、老年人、墨西哥人、菲律賓人、非裔美國人和白種人。有的是剛做完農事的農民，有的是學生、神職人員，甚至有穿著體面的城裡人。每個人上這兒

> 我們發現到，尊重和鼓勵每個人的獨特貢獻，似乎比強調參與或賦予力量更令人信服。

的目的，都是想看看自己能幫上什麼忙。在這場農工運動裡，最重要的是反問自己：「我們能為這場大業做點什麼小小的貢獻？」

　　關鍵就是那兩個字：貢獻。每個人都有他可以付出、可以自願承擔和可以服務的地方。我記得凱薩・查維斯曾告訴我：「如果你到別人家裡，他們拿出食物給你，這表示他們在主動付出一些東西。一旦付出，他們的心也會跟著付出。付出是一種自我貢獻，可以讓社群活起來。」

　　幾年後，我開始承接某企業的生意，當時我們正在實驗，如果把企業組織當成一個社群來看，會出現什麼可能。就在我們改變想法，往建立社群的這個觀念前進時，我們發現到，尊重和鼓勵每個人的獨特貢獻，似乎比強調參與（participation）或賦權（empowerment）（這些概念目前仍是許多組織變革專家強調的重點）更令人信服。

　　這中間的差別很微妙，但也很重要。貢獻的調性與感覺，完全不同於個人的參與。很重要的一點是，強調個人參與，會變得過度突顯自我：我在發表我的意見，我在發聲，我在參與。相反的，強調貢獻，則能在我和我們之間創造一種關係。企業社群裡的員工開始反問自己：「身為公司一份子的我，對公司所肩負的重大使命有什麼獨特的貢獻？」

在咖啡館的場合裡，貢獻所扮演的角色是什麼？

　　不管是參與農民運動，還是以社群方式來建立企業，我都曾在這些過程中體驗到同樣的生命力，以及結合大我的那種感動，在早期的咖啡館對話中，同樣感受也曾出現過。有一次和派崔克・卡爾森（Patric Carlson）交談過後，更讓我恍然大悟它的存在。派崔克是高斯領航員計畫（Kaos Pilots）的前任學員，這個計畫是丹麥的一項創新教育計畫，曾廣泛運用咖啡館的學習辦法。「咖啡館最強調的就是貢獻，」他解釋

道，「一開始一定是由某個人先付出。咖啡館的目的不是為了批評，而是為了貢獻。不管是誰付出，你都不會怪他。在咖啡館裡，你不需要作秀，你只需要實實在在地貢獻自己的一份力量。當你自我貢獻時，知識也跟著茁壯。」

> 咖啡館的目的不是為了批評，而是為了貢獻。

那時我和派崔克就坐在自家廚房的餐桌上，我突然明白：「沒錯！正是貢獻這兩個字！在咖啡館對話裡出現的就是這個東西！」我開始把咖啡館對話想像成一場百家宴。每個人都貢獻一道自己的拿手菜，正是百家宴之所以好玩、有趣和豐富營養的地方。你會不時看到各種驚喜！如果你只是空手來參加，這場派對怎麼可能舉辦得起來？在咖啡館對話裡，每位成員都帶了自己所貢獻的點子，前來參與這場集合各式構想與見地的集體百家宴，使整體智慧顯得更豐富。

哲學家約翰・杜威（John Dewey）曾在五十多年前一次痛定思痛的反省中，提到共同貢獻（collaborative contribution）的力量與潛能，其見地完全吻合我們現在為咖啡館對話所提倡的觀念。在1937年那場「民主是一種生活方式」的演說當中，杜威說道：「儘管各人的天生智慧高低有別，但在充分的民主信仰下，每個人都有其貢獻之處，且其價值必須在化為集合式智慧的一部分時方能知道其高低，至於這個具有決定性的集合式智慧，乃是集合所有人的貢獻才得以形成。」

身為咖啡館主持人的我們，越來越懂得主動鼓勵大家多所貢獻，並把這種鼓勵方式視為一種重要的設計和作業原則——不管是提供點子或見地，抑或對關鍵性作業作出具體支持，都屬於一種貢獻。舉例來說，我們通常會在咖啡館匯談一開始時，就先說清楚講明白世界咖啡館的規矩（請參考第十章），這套規矩強調的是，你必須想辦法讓大家多所貢獻己見，不是只讓他們有發聲的機會或要求他們多所參與而已。

曾經為女性主管們主持過咖啡館的法蘭西斯・包德溫（Frances Baldwin）曾針對咖啡館匯談裡常用的貢獻二字，提出自己的看法：「貢獻這個字眼帶有主動的意義，」她說道，「當別人給你主動貢獻的

機會時，這表示你必須負起更大的責任，你可以有機會去有一番作為，這比只是要求你『參與』所負的責任還要大。」有一位咖啡館成員曾在美國佛蒙特州一個名叫基督教堂（Christ Church）的小教區裡，參與過凱倫‧史皮爾斯崔（Karen Sppeerstra）所主持的咖啡館匯談，她很肯定法蘭西斯的見地：「一開始，我承認自己完全被難倒了。」她說道，「但後來我才開始明白，整件事的趣味性發展會到什麼地步，其實是由我和其他三名成員共同負責的。」

　　除了咖啡館的規矩之外，我們也引進其他目的性結構，希望能鼓勵大家多所貢獻。沙烏地阿蘭可石油公司的布朗尼‧赫瓦斯，曾經為人數多達七百名的多元化團體主持過咖啡館對話，他非常強調咖啡館的小型分組方式，和小型咖啡桌的運用，因為它們是一種有利與會者相互貢獻的結構方式。「即便是很內向的人，在一桌只有四個人的情況下，也可以很自在地發言和貢獻己見。」她觀察道。除此之外，咖啡館主持人通常也會拿出某種代表發言的小玩意兒 —— 可能是一塊石頭或其他小東西 —— 目的是要放慢對話的速度，同時也為每一個人提供一個空間，讓他或她可以針對桌上的話題盡抒己見，發揮個人特有的貢獻。（請參考第十章的介紹）。

　　咖啡館對話也能讓那些喜歡思考或視覺學習的人，可以藉由專心的聆聽、桌上的繪圖，抑或稍後對話裡的口語溝通方式來貢獻己見。曾運用世界咖啡館辦法協助某加州學校重新設計課程的蘿拉‧佩克（Laura Peck），在經過一番深思之後提出這樣的說法：「有的人善於聆聽，有的人善於捕捉模式，有的人善於用影像思考。咖啡館尊重每一個人的方法，所以一併涵括各種資訊處理和彙整方式。它的架構方法創造出一個開闊的空間，讓你不必為了貢獻不落人後而急著開口發言。你可以為其他人的圖畫內容穿針引線，也可以繪出屬於你自己的圖畫。而且當你在各桌次之間換位置時，也會因同桌人士的不同而改變自己的貢獻方式……換言之，因為咖啡館的運作方式，人們才有機會各自發揮不同所長。

　　漢斯・奎恩迪（Hans Kuendig）第一次的咖啡館經驗，主持人是麥格・惠特里（Meg Wheatley），地點是知性科學學會（Institute of Noetic Sciences），漢斯回憶當時的情況，很意外地發現「他們其實很鼓勵你多貢獻自己的意見，但並不強迫你以口說的方式。事實上在我們當中，有的人習慣當聽眾，有的人喜歡當旁觀者。咖啡館對話非常尊重這一點。對我來說，這很有趣。因為有的人只是坐在那兒冷眼旁觀，不太說話，但最後卻是靠他的幫忙才找出更深層的模式。也許這個人只說了一兩句話，但貢獻不容小覷，影響層面可能很可觀──因為他們能夠見樹成林。咖啡館的原則是鼓勵大家多所貢獻己見，各種媒介都能使用，這種作法等於為桌上對話注入層次更廣的學習風格。當人們可以在一個舒適宜人的環境下，針對自己所重視的問題，發揮各自所長，自然就會形成可行動的知識。

　　蘇珊・史吉曾在納羅帕大學為馬帕商業經濟中心的開發計畫主持過一場咖啡館，在她的談話中，她提到「當人們覺得可以在某種程度上藉由自己的貢獻，創造出新的知識時，他們就會變得興奮起來。他們感受得到那股創意能量的堆積，於是他們開始行動。「太棒了，我可以把自己的想法放進去，因為它也是我孕育出來的。我突然感覺得出來，我們正在共同創造的這個東西，是有生命的，我希望它能快快長大！」

　　強調貢獻，除了可以促進知識的創造之外，也可以培養社群意識。當人們開始共同貢獻、共同創造和共同學習時，自然會形成一種結合的氛圍──人與人之間的彼此結合，以及與大我的結合。國際組織學習協會（簡稱SoL）的總經理雪莉・印米迪亞度（Sherry Immediato）就指出了貢獻、共同創造力和社群建立這三者之間的關係。雪莉在SoL年會上所舉辦的咖啡館裡注意到，「我們的成員因為在咖啡館對話裡互相貢獻過意見，所以都知道如何以整體社群的力量展開共同的創造。」

強調貢獻，也可以培養社群意識。

　　當包容與社群都成為文化結構的一部分時，世界咖啡

館便能好好利用這種互相貢獻的風氣。亞歷山大・薛佛（Alexander Schieffer）曾和芭芭拉・納斯包姆（Barbara Nussbaum）在南非一所大學，共同主持過一場領導統御咖啡館，當時他就很訝異非洲學生怎麼這麼容易便接受了世界咖啡館的觀念。他指出「因為在團隊作業和決策包容這方面，非洲人的觀念和世界咖啡館的辦法是不謀而合的，所以學生不會覺得世界咖啡館是『西方世界的工具』」。

結合的文化

社會學家菲利浦・史雷特（Philip Slater）在《Utne Reader》文摘上寫了一篇精采文章「我們心手相連」（Connected We Stand），文中深入解析世界咖啡館強調貢獻所代表的廣大社會意涵。史雷特發現，現在整個世界有兩種文化正在具體成形：分裂的文化（culture of division）和結合的文化（culture of connection）。你可以從國家的分界、種族的分界，以及其他傳統分界裡，看見這兩種文化。因為它們，才會有傳統左派與右派之分。

他指出，不管在哪兒發現分裂文化，都會在群眾之間和不同意見之間建立劃分清楚的界線。任何一種分裂者文化，都能見到「差異」與「非我族類」這兩種概念。在分裂者文化裡，我們是我們，他們是他們，這一點再清楚不過。反觀結合者文化，強調的卻是儘管人不同、見解不同、世界觀不同，還是可以結合起來。沐浴在這種文化的人，懂得超越政治、社會、經濟和組織的格局，找到共同的觀點與集體的智慧，因為上述的領域格局只會局限我們的行動與視野。多元化才能讓他們成長和茁壯。他還補充道，結合者文化的興起，部分起因在於我們從新科學和生命系統的研究當中學到，所有生命都是互有關聯的。史雷特指出，我們到底該選擇活在分裂的文化還是結合的文化裡？這個問題「對今天來說，是一個關鍵性的社會問題，就算過了幾十年之後，也可能還

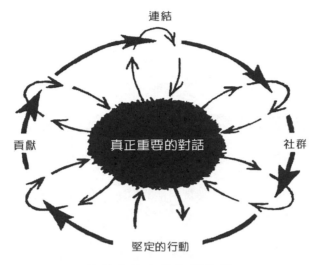

連結

真正重要的對話

貢獻　　　　　　　　　　　　　　社群

堅定的行動

讓結合的文化恢復生機

是。」（2003, p. 63）

　　我們相信讓結合的文化恢復生機，是世界咖啡館為我們的共同未來所帶來的特殊貢獻之一。咖啡館對話有目的性地鼓勵成員們踴躍貢獻己見。同時隨著對話的不斷進行，以及各回合對話之間的的自我擴大效應，人與人之間以及各種構想之間的結合密度，也會跟著增加。由於咖啡館匯談善用生命系統裡的網絡動力，強調真正重要的問題，於是豐富了個人關係的網絡，孕育出跨越傳統防線的社群經驗。於是隨著社群意識與結合意識的抬頭，自然催生出以共同福祉為目標的堅定行動。

　　加拿大賽諾菲聖德拉堡公司的伊凡・巴斯第昂，曾在這家製藥公司裡廣泛運用咖啡館流程。他把世界咖啡館當成「一種創造社群的行動──不僅在我們員工之間創造社群，也和整個大環境的社會產生連結。人們知道我們不僅為自己工作，也為我們的病人和我們的社群工作。主動結合整個大環境裡的社會，成了我們咖啡館對話的最終成果。」

　　越來越多的人有機會實際體驗世界咖啡館所倡導的共同貢獻、結

合、社群與承諾，我也由衷希望我們當中有越來越多的人——無論國籍是什麼、政治立場是什麼——都能真正尊重和擁抱結合的文化，藉由它而堂堂邁入一個真正尊重生命的美好未來。

問題的反思

　　試想你正在策畫一場會議，反問自己以下幾個問題：

• 你能想像出多少種兼具趣味與實用性的辦法，這些辦法可以讓每個人都貢獻出自己的良策。

• 你可能會用什麼方法協助與會者改變想法，不再認為自己只是單純的與會者，而是一個可以為某種大我主動付出的貢獻者。

• 下一次你參加或主持對話時，你個人可能會利用什麼方法鼓勵大家多所貢獻？

原則五

交流與連結不同的觀點

第 7 章

每當知識相互連結時，就會自動合併產生新的知識。
只要一個人有想法，就會激發出更多想法，彼此一直
連結，直到產生更多知識。這是非常自然的過程……
分享知識，意思是把大家帶進對話裡。

薇娜・艾莉（Verna Allee）
《知識的演化》（*The Knowledge Evolution*）

要是智慧真會隨著系統以各種別出心裁的自我結合而浮現呢？

和平咖啡館：維多利亞大學法學院

克勞蒂亞‧錢德口述

在伊拉克戰爭一觸即發前，來自加拿大英屬哥倫比亞維多利亞大學（University of Victoria）法學院的學生紛紛加入線上論壇，針對戰爭的價值展開辯論。那些發表在網路上的文章，很快就開始變得針鋒相對，立場分裂。但學生們在學校裡又沒有別的去處可以討論這個話題。法學院的學生克勞蒂亞‧錢德（Claudia Chender）用這則故事告訴我們，有一群學生是如何利用咖啡館匯談的方式，打破傳統界線，結合不同觀點。

2001年九月八日，是我到法學院報到的第一天，結果新生訓練那週就碰上911事件。令我失望的是，儘管我們是很先進的法學院，學生結構非常多元化，但卻少有場所可以讓我們像社群一樣，聚在一起討論眼前的大事。我們聽見有人在走廊耳語，少數幾位消息靈通人士對外打了幾通緊急電話之後，這才知道發生了什麼大事。我記得我們就站在校園酒吧的外面，透過玻璃門看著裡頭的電視螢幕，一心巴望酒吧趕快開門。我們法學院的學生根本沒機會聚在一起討論這件事。沒有人告訴我們：「如果你很想瞭解眼前的大事，或者只是想過過癮，都歡迎加入。」在校園裡，處處可見其他的集會與組織，但那天在法學院裡，什麼也沒有。

我們需要有一個社群，這個想法促使我們這群學生開始在校園裡成立人權共同學會（Human Rights Collective）。我們有一個重要使命，是為學習型對話提供另一個場所，它會盡量朝多元化的目標前進，包括視野的多元化和成員的多元化。我的工作是負責設計每個月一次的公共討論會。

2002年夏天，我參加香巴拉真誠領導學會（Shambhala Institute for Authentic Leadership）所舉辦的一場策略性對話，並在那裡首度體驗到世界咖啡館。我一回到學校，就和同學決定要把咖啡館的模式試著放進我們的公共討論會裡。

我們特地選定911周年紀念，舉辦第一次的世界咖啡館。大家都很

感激咖啡館對話給他們機會，針對當今的重大議題發出自己的聲音。那個學年，我們又舉辦過好多場咖啡館，每場都很成功。但我真正想告訴你的那場咖啡館對話，是發生在2003年春天，伊拉克戰爭一觸即發前。

我們在學校有一個線上論壇，這個論壇一向乏人問津，但就在戰爭開打前的那段期間，突然湧進許多人發表自己對此事件的看法。短短十天內，就有超過兩百人上網發表文章。沒多久，那些文章開始出現辱罵的字眼和壁壘分明的對立情況。那陣子，我也上網張貼了公告，通知大家我們要舉辦一場咖啡館匯談，藉此淡化彼此對立的情形，互相見個面。儘管我一開始對這個點子有些猶豫，但最後還是決定堅持下去。於是在人權共同學會的支持下，以及學生會主席和眾人的幫忙下，終於辦了一場我們有生以來最大規模的咖啡館。

時間是訂在禮拜五的下午，大約有四分之一的法學院學生參加。（沒想到反應竟然這麼熱烈！）與會者從二十歲到六十歲各年齡層都有，其中包括一名軍官、一位國際人權鬥士，還有中東學生（有些人的家人還在伊拉克）、退休人士，以及兼任國外特派員且已有家眷的學生。除了形形色色的學生族群之外，也有教授大駕光臨，這對學生集會來說是很不尋常的事。顯然很多人都對這套辦法抱著懷疑的態度，大部分的人還沒來之前，就已經有他們先入為主的看法了。

我真的很緊張那天會出什麼事。我們組成的主持團，最重要的任務就是負責互相支援。隨著咖啡館的即將逼近，凡是有興趣前來幫忙我們設計活動內容的人，都在我們歡迎之列，包括我們要上網張貼什麼問題，我們要訂出幾條必須遵守的規定，這些都必須先設計好。以前我們在舉辦咖啡館時，都會事先發送書面素材給與會者，刺激他們的思考。但這一次，我們決定只發出普通的邀請函給每一位要參加的人，請他們提前告知我們有否意願在會中簡單分享個人故事，告訴大家這場戰爭對自己所造成的影響。結果有兩名教授（一位是移民學者，另一位是憲法

專家）、一位人權鬥士和一位軍官主動報名。

　　這位軍官曾因線上論壇所張貼的文章，而引發眾人對他的敵意。事實上，我們後來之所以能為這場咖啡館定調背景，就是從他身上找到靈感的。他在其中一篇線上文章上說：「請聽我說，不管我們對這件事的意見有多分歧，唯一可以肯定的是，我們都愛好和平。只不過我們對於如何達成這個目標有不同看法罷了。」當我聽到這件事的時候，我心想：「太好了！如果我們能從這個觀點出發，就不會變得好像是『你是好戰者，只想搞破壞，而我愛好和平，所以我的道德標準比較高』。」它可以打破一般人對道德的是非標準，開啟對話的空間。

　　等與會者全數到齊之後，我們立刻定調背景。首先，我請大家回想以前曾經有過的美好對話──那種可以帶動大家思考、激起好奇心、甚至引人大笑或大哭的對話。我告訴他們，如果願意的話，可以先和隔壁的人分享自己的經驗──再和全桌的人一起分享，告訴他們是什麼原因成就出那場美好的對話。我還告訴他們，我希望在這場咖啡館匯談裡，我們可以超越法學院傳統那種爭鋒相對的交談方式。我們也以主持團的身分請教在場來賓，是否願意遵守幾個簡單規定──謹守保密原則、確保每個人都有說話的空間、試著聆聽別人、尊重別人的發言。曾有過咖啡館經驗的學生會為同桌成員說明這些規定，並且以身作則。我也簡短說了一下世界咖啡館的基本規矩。希望這些做法能讓大家對這場對話有煥然一新的感覺。

　　就在我們開始之前，突然有人發言，建議大家花幾分鐘時間默禱，因為這起衝突事件會讓許多人面臨到一生中的生死關頭。當我們低頭默禱時，會場氣氛起了很大變化。因為默禱的關係，再加上我們用小鈴鐺來示意大家更換座位，整個會場的氣氛變得柔和許多，也緩和了原來的步調，人們可以有機會做個深呼吸，更願意深入聆聽彼此的談話。

　　在四位自願者當中，軍官是第一位上台分享自身故事的人。他告訴大家，當人們開始在線上論壇群起撻伐他時，他的內心很受傷。他說他

有個朋友在聯合國和平部隊任職，曾親眼目睹多人死亡，卻無力阻止慘事發生。他由衷相信，只要妥善運用軍隊的力量，譬如聯合國的和平部隊，去阻止流血事件的發生，製造和平，還是會有希望。說到這裡，他的眼中泛著淚光。其他人的自願性告白也都很真情流露。只要有人說完自己的故事，全場人士都會不發一語地沉浸在對方故事裡，不管我們是否同意他們的立場──我們都對他們的貢獻心存感激。等到個人告白時間快接近尾聲時，會場上已經有多人淚流滿面。個人故事的分享，竟然有這麼大的魔力可以影響對話的深度，著實令我大開眼界。

　　個人故事的告白之後，就開始進行總計三回合的咖啡館對話。我們請與會者針對以下問題進行討論：「這場戰爭對你個人有何影響？」然後再反省下面這個問題，繼續討論：「為什麼和平會成為這場衝突裡的質疑問題？和平的面貌究竟是什麼？在爭取和平的過程中，法律扮演什麼角色？」等到第二回合的對話時，我們把重點擺在：「在你的和平道路或和平願景裡，反映出什麼樣的社會理想和個人理想？」在第三回合的對話裡，我們又回到最初的主題，並請教他們：「為了爭取和平，創造進一步的對話與共識，你會從生活的哪裡開始做起？」

　　世界咖啡館的流程會很自然地讓所有人捨棄「自以為是」和「選邊站」的念頭。也許是因為你坐在插有鮮花和香燭的咖啡桌上，和四個人一起聊天，自然沒有空間讓你擺出高的姿態。但真是這樣嗎？還是因為你不斷更換座位，所以不會被自己困住。再強悍的人，也有柔軟的一面，於是當你換到別桌，與其他人、其他想法在心靈上產生契合時，你才發現到原來每個人都有柔軟的一面。就好像大家在第二回合對話裡共同舒了一口氣似的，因為他們發現到會場裡每個人的對話都是發自真心的。

　　當然這其中也有若干的挑戰。有幾張桌子的來賓不斷提高聲量，甚至不讓別人插嘴……我的意思是，會場情況並非十全十美，但有個朋友告訴我，她覺得整體來看，會場裡的氛圍是柔和的──她很高興這場集

會注入了某種陰柔的特質，特別在這場以戰爭為背景的對話裡。

　　快到尾聲時，我們才展開全體的心得分享。原本我以為會聽到與和平有關的偉大見地，卻沒想到大部分的對話焦點竟然是坦誠不諱自己在線上論壇的發言不遜，能有機會像今天一樣聚在一起，感覺很棒。我們的學生會主席賈斯汀（Justin）甚至寫信告訴我，以後遇到學生所關心的重大議題時，都應該多多利用咖啡館對話。

　　咖啡館的成果令我很感動。它改變了我對行動的看法，尤其讓我瞭解到，當對立嚴重時所應採取的行動辦法。而我認為最好的行動辦法之一，就是改變你和別人的相處方式。咖啡館帶給我們的最大財富是，讓來自不同背景的人從對話中開始懂得尊重彼此，也開始懂得體諒別人的意見為何與自己相左。那天的咖啡館對話讓大家開始注意到，我們很願意互相溝通，我們很願意同待在一個社群裡，尤其我們在法學院裡已經同學這麼久了。我的感覺是，我們好像正在模擬一個心所嚮往的大同世界。而這就是行動，不是嗎？

透視與觀察

　　回顧最早期的咖啡館經驗，曾有許多世界咖啡館主持人說過，當與會者和各種點子不斷在各回合的咖啡館對話裡移動流轉，連結成新的關係時，就會有一股昂揚的情緒與能量不斷迴旋上升。有時候，你會覺得這些不斷形成的對話，很像是全體的大我心智，有許多新的突觸神經正在冒出火花。而且就像克勞蒂亞的例子，當與會者被要求除了得把自己的想法帶到下一回合的對話，還得幫忙傳遞別人的觀點時，原本不可撼動的自我立場開始有了鬆動的跡象，進而創造出一種更開闊、更有利探索的氛圍，來迎接嶄新不同的觀點。醫學博士艾彌・米勒（Emmett Miller）曾在加州的內華達市（Nevada City）為來自不同社群的成員們

主持過咖啡館，他是這麼描述當時情況的：「通常在一個團體裡，我們都會被自己原來的角色給困住。當我們在面對某個主題或問題時，總是立場偏一邊，再不然就是固執己見。但在咖啡館對話裡，因為你得換到別桌去，所以就算你有自己的『立場』，你也不會被它給困住，因為你被要求把整桌人的重點想法全帶到別桌去。你必須對他們說：『這是我們那一桌的想法……』而且你必須知道他們對這些想法的瞭解程度。然後你再和他們一起進入更深層面的思考。你每一次都只和幾個人進行密切的交談，可是當你在會場裡移動位置時，你突然覺得自己像是和十個人、二十個人、三十個人、上百個人，甚或整個會場的人，展開共同的對話！這種意想不到的共同經驗簡直像魔法一樣。」

生命的運作方式

直到有人介紹我去看密契爾・沃德羅普（Mitchell Waldrop）那本引人入勝的著作《複雜: 走在秩序與混沌邊緣》（*Complexity : The Emerging Science at the Edge of Order and Chaos*）（1992）之後，我才開始認真思考世界咖啡館流程，究竟是靠什麼方法將合作思考（collaborative thinking）推向另一個層面，並協助發展出各種意想不到的見解，尤其是在大型團體裡。沃德羅普在書中將各種科學點子描述得栩栩如生，他提到聖塔菲研究院（Santa Fe Institute）跨領域科學家的冒險行動，他們在複雜的適應性系統（adaptive systems）裡，進行各種突破性研究工作。

在學習與變革上，我們咖啡館的心得經驗，似乎與聖塔菲研究院的研究員不謀而合，就連那些曾深入探索有生命的系統，試圖釐清有生命的系統為人類組織、社群所帶來的啟示意義的這些專家們，也和我們有一樣的經驗。

在沃德羅普的智慧冒險故事裡，約翰・賀南（John

> 最佳的學習和發展發生在豐富的互動網絡中。

一種有生命的網絡

以問題作為吸引子

多元化的觀點

異花授粉（比喻交流
和連結不同的觀點）

乍然出現

Holland）是聖塔菲研究院的先鋒人士之一，小至細胞、大至整個社會系統的基本學習和適應過程，都在他的研究範圍內。賀南強調當系統有豐富的互動網絡，再配合外在環境有利於探索各種可能機會，就會出現最佳的學習和發展狀態。除了賀南的發現之外，多伊恩‧法默（Doyne Farmer）的理論也補充道，系統裡那些令人驚豔的全新可能，雖然表面是乍然出現（emerge）在網絡裡某些塊的節點上，但其實是乍然出現於那些節點的連結之處。

在《依身的心識》（The Embodied Mind）這本書中，認知學家維里拉（Varela）、湯普森（Thompson）和羅許（Rosch）指出一件有趣的事，大腦在進行新的學習和發展時，其過程如同其他有生命的系統裡的關聯網絡：只要出現有動力可以互相連結的簡單元素，就會自動展現自我組織和乍現的特質。他們還補充道，如果出現了一個具有凝聚注意力的「吸引子」，即便最簡單的網絡也能發揮豐富的自我組織能力。

誠如我們第一章所提，維里拉和馬圖拉納曾提出一個重大觀點。在人類的系統裡，經由我們進行的「經由交談網絡，以語言創造超越個人的社會單位耦合」，我們「誕生」了種種新世界。我們這種參與，就是我們的日常生活。

我發現到，如果把這些見解兜在一起，這中間的關係很有趣。難道我們是從生命的運作方式裡發現到一種東西，再利用它去促使對話團體發揮更高層次的共同智慧嗎？如果我們要共同發展未來，我們可不可以利用世界咖啡館的流程，把對話網絡的角色發揮得更淋漓盡致？我們主動找來不同領域的與會者，還多方鼓勵大家不吝貢獻己

見，於是使整個對話「生態」變得更豐富和多元
化。當與會者在各桌之間移動座位，帶著思想的種
子從一張桌子換到另一張桌子時，等於是在連結彼
此的思想、觀念與疑問，也正好反映出馬圖拉納和
維里拉所謂的反覆性對話網絡。

　　有力問題的提出，其作用似乎就像一個吸引
子，可以在「團體心識的各個突觸之間」凝聚注意
力，進而活化對話網絡的自我組織能力。這種新的
連結也同時創造出約翰・賀南所提過的那種新奇空
間，在這個空間裡，你可以探索各種新的機會與可
能，甚至共同「誕生一個世界」。

在每次的對話裡，個人的意見貢獻
都是以真正重要的問題為焦點。

人們根據彼此的意見互相交流——
每個人都就自己的觀點提出看法，
建立新的共識。

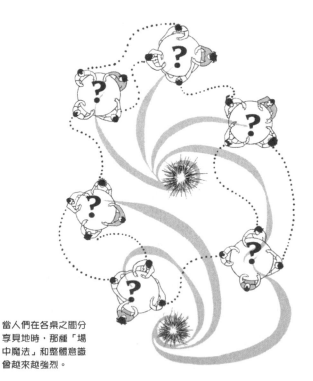

當人們在各桌之間分
享見地時，那種「場
中魔法」和整體意識
會越來越強烈。

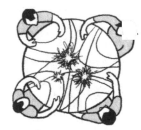

當人們產生新的連結時，就會開始
擦出思想的火花，沒有人會被隔離
在外。

整體思想漸漸形成，終於完全連貫
——於是發現集體智能。

　　除此之外，世界咖啡館的四到五人小型對話，以及不同回合對話裡的意見交流，都在具體連結個體與完整體。我們很鼓勵與會者帶著前一回合的對話精華或有趣觀點，前往別桌繼續討論，於是當這些想法與見地在對話網絡裡快速周遊時，便會逐漸形成一個清楚的整體趨勢。咖啡館成員將這種經驗形容為「思想的共鳴」、「點亮會場系統」或「想法的加速演化」。

整體於是乍然出現

　　我們對於這些新科學所提出的各種探詢，以及它們對匯談的理論及實務所提出的各種問題，都感到很好奇。世界咖啡館滿足了一個期望：此一刻意的途徑不只利用了迷人的網路動力，也使每個人適時為個人與集體牽成關係，使得一種特殊的共同智慧於是乍然出現。物理學家大衛‧柏恩把這種智慧視為「匯談出我們共同未來並隱然成形」。柏恩說這種從真正的匯談裡，所浮現出來的體悟與全像智慧，不只出現在個人層面，也同時出現在集體層面。「這是一種個人與集體層面的協調統合，」他說道，「它會不斷整合，直到凝聚為止。」

　　我們的同事湯姆‧艾特里的說法是，在匯談中，當各種觀點會像共同智慧（co-intelligence）一般緊緊接合，就是會出現有創意的整合智慧和高程度的思考。世界咖啡館的主持人和與會者在談及自己收穫最豐的咖啡館匯談經驗時，常喜歡用共同智慧這幾個字來形容這種魔法。冥想者基金會主席馬克‧葛松（Mark Gerzon）提到一個和「這種魔法」相關的深刻例子。當時他舉辦了一場極具挑戰性的匯談，與會者是以色列的阿拉伯人和猶太人，他還記得「到了關鍵性的中場時段，整個團體似乎陷入某種膠著狀態，於是我提議我們可以在晚餐時候改採世界咖啡館的流程。至於咖啡館所提出的問題則是：『你要用什麼故事來讓桌上來賓知道，你對猶太人及巴基斯坦人之間的衝突有什麼看法。』與會者裡

有一位數學天才，他算出一種很棒的方法，可以確保每個人都能和不同與會者有對話的機會。由於每位與會者說的故事都很有震撼力，再加上不斷在各桌次之間與不同成員分享故事，僵局終於得以打破。第二天早上，當我們發現到僵局終於打破時，我就知道是咖啡館的說故事流程促成了這一切。」

　　社群發展專家肯諾立・歐利（Kenoli Oleari）曾在一場大型的咖啡館對話中有過類似的經驗，他是這樣形容的：「世界咖啡館裡有某種東西可以和我一拍即合，」他說道，「我可以感覺得到『會場中央的那個聲音』。當各種對話在咖啡館裡不斷交織成形，當各桌的與會者結構以及人與人之間的化學反應不斷改變時，我可以明顯感受得到那個整體正不斷茁壯，它大於個體的加總。這種神蹟令我驚嘆！」

故事

在一瞬間成形結晶：菲爾丁研究所

玻・蓋勒帕恩和巴克雷・哈德森口述

　　兩年多來，我們一直努力想說服他人，我們的課程和其他線上課程不同，但就是找不到要領。為了活化我們的思路，我們特地找來金門大學（Golden Gate University）的教授們合辦世界咖啡館對話，他們的傳統科系和「資訊校園計畫」（cybercampus）也都有提供線上課程，而我們在咖啡館提出的問題是：「在線上課程的教學方面，我們可以從彼此經驗中學到什麼？」

> 玻・蓋勒帕恩博士和巴克雷・哈德森博士（Barclay Hudson）是菲爾丁研究所（Fielding Graduate Institute）負責創辦組織管理和組織發展這兩種線上博士課程的教授。這則故事是在闡述他們如何從世界咖啡館匯談中，意外發現到一種核心策略見地，非常有助於打造日後的課程。

　　等到金門大學的教授離開後，我們繼續進行自己的反思咖啡館（Reflection Café）。在輪番回合的咖啡館對話中，我們不斷在各桌次間

移動位置，將互相激盪出來的點子，和金門大學教授先前所提出的見地
進行結合。就在我們即將結束全體對話前，突然有個中心思想成形結
晶，為我們清楚勾勒出菲爾丁研究所的課程目標與設計內容。雖然是從
一個人的口中說出，但卻具體道出當初集會目的的集體共識。

　　對我們而言，這個概念雖然簡單，卻也深奧。也許這就是一種洞
悉。那是屬於「有關學習的學習」（metalearning）的概念。我們突然明
白我們所共同支持的，是某種超越線上技術與專業內容的一種學習方
式：個人與集體的自我認知和關鍵性思考技術，已經從按表操課式的學
習或正規的學校教育，晉升為終身的學習與各種人生價值。現在當我們
設計課程時，當我們在和學生以及其他機構分享我們的課程特色時，都
是根據和有關學習的學習相關的各種標準來進行。那天在咖啡館裡意外
浮現的集體「驚豔」，已經成了我們未來策略方向的轉捩點。

　　曾為佛州波克郡（Polk County）區內學校擔任過副督學的卡洛琳・
包德溫（Carolyn Baldwin），她補充道，世界咖啡館的網絡結構可以讓
整個團體「多出許多眼睛，從四面八方去檢驗同樣的問題。這些眼睛會
從各個角度去逐一檢視。」她說：「整體之所以成形，是為了從各個角
度去審視這個系統。」在核心問題上結合眾人的力量與各種觀點，可以
使我們更清楚看見那個整體的形貌，而這正是世界咖啡館的學習方法。

「乍然出現」是可以設計的

　　世界咖啡館的流程，不單單是一種可供集體智慧隨時乍現的有趣媒
介而已。事實上，它也是一種簡單但有意圖的接合結構──它能創造出
有利的條件，來迎接各種意外收穫、全新的意義模式，甚或「會場中央
的那個聲音」，尤其是在比傳統匯談圈還要大的團體裡。

　　但這究竟是怎麼運作的？在我們和物理學家卡普拉（Fritjof Capra）談過之後，這個疑問迎刃而解。據他指出，事先設計好的結構（designed structures）（譬如正式的組織圖表）和乍現的結構（emergent structures）（譬如常被多數組織拿來實際運用的某些非正規做法）之間，會出現一種自然張力。事先設計好的結構已經設有預訂的規格，至於乍現的結構，其自我組織的方法往往無從預料。但世界咖啡館卻能同時兼顧事先設計好的流程和乍現的自然流程，目的就是要做到鼓勵凝聚而不是控制。

　　為了要增加活化出一個生生不息和凝聚性探詢草原的可能性，你要一起運用咖啡館的七點設計原則，作為一種設計乍現的工具，在這個草原中集體性的瞭解及洞見即能顯現。世界咖啡館之所以能在匯談性學習和集體智慧上貢獻良多，或許就是因為它既能讓人們和想法做異花授粉似的交流，也能中規中矩地在會中提出像吸引子一樣的問題。英特爾公司的前任資深主管大衛・馬新指出，小心架構出來的提問就像吸引子一樣，可以讓意見交流的網絡以它為中心不斷演化，創造出凝聚後具有意義的模式。在問到馬新為什麼有這種想法時，他的回答是：「你把問題當成一個起點擺在桌上，可是當人們因不同回合的對話而移動位置時，每個人都會從不同的方向去看待這個問題。你可以這樣想像：這個原始問題的四周，正逐漸形成一個兼具深度與寬度的三度網絡空間。我稱它為思考融合的過程。它是有方向的，不是隨機演化的，有點像是共同乍現出來的。」

　　卡普拉也補充道，當這種網絡式的交流，突然有了共識上的突破或乍現新的共識，它所「帶來的創造經驗，往往讓人覺得像魔法一樣」。對於這種不待咖啡館結束，便突然浮現成形的全新見地，丹麥籍的世界咖啡館先驅芬恩・沃多夫（Finn Voldtofte）把它形容成「場中魔法」（the magic in the middle）。

咖啡館的各種變體：
利用各種創意手法來製造交融的機會

　　你有各種方法，可以增加咖啡館對話的豐富性與互動密度，讓那些你原本想不到的各種意義模式，得以順利顯現。真正能限制住你的，只有集會目標以及你這位主持人的想像力。在這個領域裡，主持技巧格外顯得重要。而主持人的創意也關係到對話的有趣與否，以及能否神奇體驗到集體智慧。

　　世界咖啡館用來交融人們與構想的首要方法是：讓與會者在反覆進行的對話回合裡不斷移動座位，通常是二十到三十分鐘。不過也可以拉長這個時間，但要看集會的目的、你手邊有多少時間，以及你想從問題中探索出什麼資訊而定。完成一個回合的對話之後，通常會留下一個主持人，待在原桌歡迎新入座的來賓，為他們大概解說這一桌在前一回合對話裡的內容重點。至於其他人則像「意義大使」一樣前往其他桌遊歷，繼續到別桌分享和收集集體見地。可是如果你需要主持人擔任「內容服務生」（content steward）的角色，好為稍後的行動規畫做資料的匯整；抑或你需要與會者在輪完第二回合之後，再回到原來座位上，繼續深入進行原來的探索工作，這時就可以要求主持人固定待在原來的桌次上。有時候，主持人也會在第二回合後移位到其他桌次，好讓每位主持人也都有過當旅客的經驗。特別是如果你的集會目標，是以建立新的關係網絡和培養社群意識為主，這方法就很管用。

　　另一個方法是由我們的同事芬恩・沃多夫所發明的：第一回合對話終了後，主持人仍留在原桌，其他三或四人則展開「聆聽之旅」，各自前往不同的桌次進行短暫的十分鐘學習之旅。他們的任務是從別桌主持人所告知的故事裡頭去收集一、兩個梗或思想種子，等到最後一回合的整合對話開始時，再將這些重要觀念帶回原桌討論。

　　像異花授粉一樣交流意見，是世界咖啡館的模式之一，這個觀念當

初是查爾斯·賽維吉（Charles Savage）教我們的。如今查爾斯利用一種他稱為「動態組隊和知識築網」（dynamic teaming and knowledge networking）的學習方法，協助人們發想新的計畫。舉例來說，在經過第一回合的四人桌上對話之後，一號桌次的兩名成員，各自移到二號桌次和三號桌次，另外兩名成員留在原桌，負責和新到的成員分享他們剛剛發展出來的計畫構想。新進成員的任務是幫忙改良這些點子，提供更多創意。到了第三回合，人們各自回到原來桌次，分享他們從別桌學到的方法，豐富原有的思維，謹慎考慮如何把他們的點子和別桌的點子加以結合。

像異花授粉一樣進行意見的交流

　　如果是在同一主題下進行多頭線索式的探詢，則可以採用另一種常見的變化形式。在這種情況下，每桌會各自負責處理不同的問題，只不過這些問題互有關聯性。舉例來說，薇娜·艾莉在為澳洲某電腦公司舉辦策略咖啡館時，總共準備了六道全面性的策略問題。她將會場內的所有咖啡桌分成好幾個區塊，再由同處一個區塊的咖啡桌共同負責解決其中一道問題。咖啡桌主持人必須留在原桌擔任「問題服務員」（question stewards），其他人則可輪換到位在其他區塊的咖啡桌上，瞭解和這個策略有關的其他問題，並提出自己的想法。然後再回到原來的咖啡桌，分享他們的學習心得。最後由所有咖啡桌的服務員聚在一起，共同分享他們在整體策略方面的集體發現。

　　如果人們是根據探索的主題來找出自己的問題，也可以採用這套辦法。第一回合的時候，先由各桌自行想出一個核心問題，展開討論。接下來後續幾個回合的對話，問題服務員都待在原桌不動，其他成員則換到別桌探討其他人所提出的問題。這些問題服務員不會扮演我們傳統認

定的引導人（facilitator）角色，而是單純作一名主持人，負責歡迎新到成員，將前次的對話重點轉告他們，以方便他們針對這個話題作進一步的發揮。

　　新加坡的咖啡館主持人馬林巴・吉安姆（Marimba Giam）曾經找老師和其他人在各種場景下，實驗過許多頗見創意的意見交流方法。她說：「你可能以為位置換來換去，還要不停結合各種意見，大家的頭可能都昏了。其實不然。當人們更換位置，分享那些令他們震撼的想法時，自然就會浮現出各種實用的共同主題或重要見地。」

　　麻省理工學院的彼得・聖吉補充道，他相信在世界咖啡館對話裡，這種經由異花授粉似的意見交流，和座位更換所形成的共通意義和模式，「並不屬於同質性的共通。事實上完全相反。這種共通來自於多元意見的不斷同化，於是對這片豐富的網絡有了認同。」

　　有時候移動的不是人，而是點子。舉例來說，在知性科學學會的某場會議上，由於會場過於擁擠，根本擺不進咖啡桌，也沒辦法讓與會者在各組之間輪換位置，只能固定坐在小型的對話群組裡。在這種情況下，他們發給每位與會者一張卡片，請與會者寫出第一回合對話所呈現出來的重要想法或見地。然後每個人站起來轉身朝外，和其他組的成員交換手中卡片。然後再坐下來展讀交換到的卡片，利用這種新的結合方式，繼續進行對話。成員們也可以利用卡片和有黏性的便條紙，來整合咖啡桌上所提出的核心問題或重要見地，然後傳遞給其他桌或對話群組，順著對話的節奏，埋下探詢的種子。

　　靠著世界各地咖啡館主持人的各種實驗，我們才能不斷發掘出這麼多新方法來連結種種新觀點。這些例子簡直多到不勝枚舉。有一場咖啡館是針對丹麥憲法的未來前途而舉辦的，所有與會者都坐在湖面上的獨木舟裡。還有一場學習之旅，是以探索墨西哥的社會發展為主題，與會成員會定期回到休息站換搭別輛廂型車，然後繼續在旅途中分享彼此的看法。有一個喜歡搞怪的主持人，把一棵棵巨大的紅杉當成大自然裡的

「咖啡桌」，請與會者在這些「桌次」之間更換座位。另一位主持人則利用不同顏色的馬克杯，來幫忙混合和移動同屬一個事業單位，但分屬不同功能領域的人員。這些彩色馬克杯的功能是要讓各桌成員呈現出最佳程度的混合比例，以利創意的交流，同時也有助於來自同領域的與會者，可以在咖啡館匯談的行動規畫階段時，輕易找到彼此。這些實驗都會定期出現在世界咖啡館的網站裡。也歡迎你自己實驗看看。

問題的反思

- 花點時間想想上次你們在面對問題時，多元化觀點所帶給你們的幫助。當時是在什麼情況下產生這麼多好的想法？

- 試想一場即將來臨的會議，這場會議會談到你最關心的問題。在這種情況下，有哪些多元化的觀點和聲音可以幫忙你發揮創意，探索這個問題？你要用什麼方法來幫忙呈現這些觀點？

- 為了取得更大格局的集體見地，你在會議上會用什麼方法，鼓勵大家展開更廣層面的意見交流？

第 8 章

共同聆聽其中的模式、
觀點及更深層的問題

我們以前就會聆聽，並透過這種聆聽，發展出一種屬
於自己的動能，最後形成……一種團隊的氣氛和團隊
的凝聚力，力量之大是我前所未見。然而它也是一場
「與眾人之舞」，這一群由多人組成的團體，已經找到
一個真實的東西，這東西的浮現拉近我們之間的差
距，成為一個有意義的完整體。

丹娜・左哈和艾恩・馬歇爾（Danah Zohar and Ian Marshall）
《量子社會》（*The Quantum Society*）

要是共同聆聽真可顯現更深層的智慧呢？

桌子中央有什麼玄機？
北歐的永續論壇

克莉絲汀娜‧卡爾馬克口述

克莉絲汀娜‧卡爾馬克（Christina Carlmark）是瑞典Telia電信公司環境事務部前任副總裁，如今在Telia Sonora這家合併過的瑞典／芬蘭電信公司擔任行銷總監的職務。這是一則由各方相關利益者所參與的咖啡館故事，討論的是資訊傳播產業該如何扮演自己的角色，以創造永續的未來──在這場集會中，他們也利用一些新的方法，去培養人們的共同聆聽能力。

　　以前我在北歐最大型的電信公司擔任環境事務部副總裁時，曾有機會去探索資訊傳播產業（簡稱infocom）在面對永續未來的創造上，所應扮演的角色為何。當時我那個職務是新增的，我很高興能接下那個挑戰，因為我向來對環保和永續性等問題很感興趣。

　　資訊和傳播服務，在日常生活中有舉足輕重的角色任務。舉例來說，視訊會議和其他虛擬會議工具，可以讓人們不必長途奔波，不必浪費那些無法再生的能源，即可進行遠距離的合作共事。我相信如果我們能在相關利益者所組成的全球社群裡進行公開的匯談，一定可以更妥善地駕馭這塊領域，對整個地球環境更是有利無害。因此我決定使用世界咖啡館的辦法，針對這個主題，舉辦一場策略性匯談。

　　在第一階段裡，我們特定找來對資訊傳播和永續未來這兩個主題很有興趣的全球思想領袖。我們邀集頂尖的思想家、環保論者、科學家、學者、未來學家、資訊傳播專家、青年人、政治家，以及各企業代表共襄盛舉。在這場我們稱之為焦點搜尋咖啡館（Focus Search Café）的集會裡，與會者的任務是幫忙找出一些可供探詢的領域，這些領域對主要的相關利益者來說，都是他們在未來四到八年內，必須好好探索的問題。而思想領袖們在這場咖啡館中所得出的共同結論是：重點是必須先瞭解資訊傳播服務對於交通運輸業的未來永續發展，會有什麼幫助或阻

礙？舉例來說，貨物運輸公司若能在訂單電腦化和快遞系統上進行投資，就可以節省可觀的運費支出。

接下來，再交由一個由內／外部成員所組成的研究小組，以五個月時間為限，針對資訊傳播和交通運輸等相關重要問題展開探索。他們將這份總結報告稱之為「世界洞見報告書」，並在報告上提出各種兩難的抉擇，和有利決策的關鍵點，以作為下個階段的討論內容。我們將第二個階段稱之為圓桌匯談（Roundtable Dialogue），並決定採用咖啡館的形式。

在圓桌咖啡館裡，我們做了一個很大的冒險行動，而且我們根本沒把握會有什麼結果！我們從不同關鍵領域的團體裡找來極具影響力的人士，而這些人的意見觀點都相當分歧，包括DHL、UPS和瑞典鐵路局在內的各大貨運公司資深領導人；各資訊傳播公司的重要幹部（他們正在開發各種運輸技術）；一名歐洲國會議員；一位綠色和平組織的資深領袖；以及瑞典某大城市的交通局局長。

你可以想像得到，這些人很少有空坐下來和別人共同動腦。就算有，也可能是為了燃眉之急的協商，絕不會是咖啡館裡的對話！這些有力人士只習慣正經八百的會議討論方式，通常都是圍坐在一張大會議桌上，有結構緊密的議程和控管作業，以確保會議過程不會出現差錯。

身為主辦人的我，有點擔心當他們來到會場時，不知道會有何反應。我們得讓他們心甘情願地去彼此聆聽各自的觀點，而不是固執地各持己見。咖啡館的環境可以幫忙定調背景。當他們剛進門時，有些人的確被現場的溫馨氛圍和一張張的小桌子給嚇到了。但他們還是走了進來，找位置坐下，似乎對等一下會發生什麼事感到無比好奇。

接下來是我們的第二個創舉。會議才剛做完開場白，我們就找來一位二十幾歲的新婚婦人，來和全體人員分享她的想法。她談到她想要有孩子。她說她希望在座的各位有力人士能改變我們今天的前進方向，共同找出方法幫助我們的下一代，包括他們自己的孩子、孫子，不要只著

眼於今天。當她說完自己的故事時，現場瞬間瀰漫著一股淡淡的愁緒。

　　然後我們又做了一個更大膽的事，但效果卻出奇地好。我們沒有說明匯談的方法，反而只是介紹什麼是「匯談石」，我們相信它可以讓大家有更好的聆聽能力，不再出現爭執不休的場面和自我防禦的心態。我們是在離斯德哥爾摩郊區不遠的島嶼海灘上，撿拾到這些具有千年歷史的美麗石頭。它們象徵我們的大地，也象徵這個世界的歷史。我們在每張桌子中央放了一塊石頭，旁邊陪襯著一瓶鮮花和幾枝彩色筆。

　　然後我們告訴大家，這些匯談石背後的基本構想。我們告訴他們，通常這種會議在進行討論時，步調往往很快，以至於讓大家沒有辦法注意聆聽別人的談話，因為他們只想確保自己的聲音有被聽見。尤其如果與會者來自不同陣營，情況更是嚴重。所以我們要請大家用匯談石來實驗一下，把它當成一種可以幫忙我們共同聆聽的實用工具，看看桌子中央會出現什麼玄機？只有拿到石頭的人才可以說話。只要他或她手上握有石頭，其他人就只有聆聽的份，絕對不可以中途打斷。此舉可以讓握有石頭的人在說話的當口有停頓的機會，深吸一口氣，想清楚自己真正想說什麼，而不是喋喋不休，深怕別人打斷自己的話。

　　我們也請大家試著想像，自己正請求心中那名我執裁判退居一旁休息，只要一會兒工夫就好了，別再自行裁定別人說得對還是不對。在這個階段，我們的目標只是共同聆聽，看看別人對這個主題有何看法，他們的觀點能帶來什麼貢獻。我們也很鼓勵大家從自己的觀點來發聲，你的聲音是代表自己，不必強逼自己戴上組織的帽子——這一點也和一般傳統會議大相逕庭。此外，我們也請與會者先不要提出任何對策，因為這個階段的目的，只是要找出更深層的主題和問題，而非最後的答案。

　　在經過簡短說明之後，與會者開始進行第一回合的咖啡館。手握石頭的與會者針對「世界洞見報告書」裡令他們有感而發的內容，發表自己的見地、想法，甚至點出更深層的問題。至於在座的其他三位成員，只能專心聆聽，而且是用很特別的方法聆聽。我們要他們追蹤對方話中

忽然出現的想法，然後把他們所能想到的有趣聯想，直接畫在桌布中央。等到桌上每個人都發表過第一次的意見之後，再把石頭放回桌子中央。這時只要有誰想針對在座人士先前的看法補充任何意見，都可以拿起那塊石頭。

匯談石的運用，真的起了很大作用，雖然有些人還是有股衝動，想直接提出他們自認為的解決辦法（這也是在所難免的），但我們發現到，其實大家已經知道遇到有興趣的事情時，該用什麼方法來幫助自己專心聆聽。我們只是幫忙減緩步調，讓他們把注意力放在聆聽上頭。他們不再持對立的立場，反而比鄰而坐，全都往中央的方向注視與聆聽。

在第二回合的咖啡館裡，我們又添加了一點新玩意兒。我們請他們每桌猶如一個團隊來共同聆聽，聽出這些不同觀點的背後，還潛藏著什麼更深層的前提與意義模式，然後寫在桌布上。他們還是可以用匯談石的方法。我們也鼓勵他們大膽提出質疑，好協助彼此釐清那些不同或者共通的基礎前提或心態。

我們再次更換座位，開始第三回合的咖啡館匯談，並繼續觀察每張桌子中央會透露出什麼玄機。到了這個階段，大家已經非常投入了。每次我們要他們更仔細地共同聆聽，找出更深一層的共識時，他們就會馬上照做，更認真地聆聽彼此想法，更認真地思索其中的問題。我真的很驚訝。

等到第三回合結束時，我們開始進行全體對話，歡迎大家踴躍提出集體知識與見地。我們找來一位專業的繪圖專家，在牆上的大張壁報紙上繪出眾人的反思內容——就好像在全體人員面前鋪上一張大桌布一樣。於是我們從壁報紙上看見各種主題、假設、點子之間的關係，以及一些令人茅塞頓開的想法。那天下午，會場上瀰漫著一股特殊能量——完全不同於人們剛步入會場時各有盤算的那種味道。與會者在這個階段裡顯得十分興奮，因為他們共同發現了某樣東西，這種東西在剛開始匯談時是不存在的，也或許一開始就存在，只不過以前沒有方法去共同的

發掘它。

最後當眾人在發表離去感言時，有人說這是他們生平第一次有機會，和可能的競爭對手或甚至敵營的人共同坐下來，深入瞭解彼此的想法與觀念。他們發現其實他們之間的共通之處比原先以為的還要多，他們終於明白，沒有任何一個人可以單靠自己的力量去強迫別人接受自己的辦法。

我相信這種策略性對話的辦法，可以讓大家更容易在行動上取得一致，只不過它和我們平常想到的辦法不太一樣，這裡沒有投票表決和長串的行動步驟。其實就算列了長串的行動步驟，也不見得會有什麼成果。但如果是用咖啡館式的交談和聆聽，人們會比較有興趣從新的角度去審視自己的立場，於是得到更正面的結果。而這其中最大的原因是他們彼此之間已經建立起良好的關係。因此儘管角度不同、經驗不同，都能看見彼此的共通之處。這是一個很棒的結果，不管最後的決定究竟是什麼。

透視與觀察

西班牙文裡有一個字我很喜歡 —— el meollo（發音是艾耳梅—奧求），它的意思是一件事物的本質。此外，它也有瞭解的意味。作為咖啡館主持人的我們，總是在想辦法利用人類的力量去找出el meollo ——但不是獨自進行，而是在對話當中透過意義的串連與銜結，即便這中間可能涉及數十人或上百人。不管是在一張咖啡桌上，還是在各桌之間的輪番對話裡，我們都可以靠共同聆聽其中的模式、見地及更深層的問題，來發展出這種對事物本質的集體領悟能力。

聆聽的對象、聆聽的方式、聆聽的內容

第一次帶我們見識這種共同聆聽（collaborative listening）技巧的人，是世界咖啡館有元老、心靈導師和「靈魂守護者」之稱的安妮‧道修（Anne Dosher），而這種聆聽方式也儼然成為世界咖啡館對話的標記之一。安妮曾經是加州專業心理學院（California School of Professional Psychology）董事會成員及專任師資之一，她畢生都在思考我們可以用什麼方法來找出創新的對策，以解決社群和其他團體所遇到的難題。

直指事物本質

在早期咖啡館的多場對話裡，有一次安妮告訴我們，她覺得「注意力的聚集」（gathered attention）很重要——這是一種個人和集體都能具備的聆聽能力，可以在對話的交流過程中，引出新的意義模式和各種可能。安妮完全融會貫通了已故神學家兼作家奈爾‧摩頓（Nelle Morton）的見地（1985），後者曾提到這種全心聆聽別人談話的特質，就像一種創意能量，可以引出原本不存在的思想觀念，直到它被聽見，化為語言。

但注意力的聚集不僅有這項功能而已。從集體層面來說，它除了聆聽別人的談話之外，也要我們互相聆聽，找出彼此之間的關係與意義模式，更要聽出各種觀點之間所呈現出來的全新意涵，或背後更深層的問題。事實上，英文字intelligence就是從拉丁字inter和legere這兩個字衍生出來，它們的意思是「集合這中間的共識」，這也是我們提到咖啡館裡有「場中魔法」的真正意思。注意力的聚集是一種更完整的聆聽模式，它會注意那些在我們當中遊移不定的集體智能或深層意義。它強調的是從對話之間和對話裡頭所呈現出來的成組意義，因此是用不同的方法在集中團體的注意力。

漢斯‧奎恩迪提到自己的第一次咖啡館經驗時，就試圖要抓住這種

共同聆聽

聆聽的感覺：「你正進入對話的高潮，你正聽出越來越多的線索，你一心渴望持續下去，但每個人也都同時在聆聽與思考，幫忙揭開話中的模式。這就是當時所形成的能量之一。」在某策略性對話的研討會上，另一名咖啡館成員也同樣生動描繪出這種共同聆聽在個人與群體之間所造成的互動影響。「這不像只在共同思考或群體思考，」他解釋道，「也不是只在沉思，而是在更大的格局下，集體展開思想上的銜結（relatedness），同時兼顧個人與團體的學習。」

和更大的整體做銜結

大部分的人第一次參與匯談時，最令他們兩難的處境之一是：他們很難完全摒除原有的看法和個人立場。可是當我們要求會場中的每個人都得擔任意義大使時（一起聆聽，並將聽到的重要觀念或有趣發現帶進對話裡），我們卻發現到世界咖啡館對話一定會出現意想不到的結局發展。當人們為了從不同觀點裡頭找出新的連結關係，而不得不一起聆聽時，原來僵硬的立場就會不見。而這時候，也往往是「魔法」在咖啡館裡開始發威的時候。

這是怎麼辦到的？網站設計師艾美・雷佐（Amy Lenzo）曾參加過一場與會人士多達數百人的大型世界咖啡館，當時大夥兒也是共同聆聽，試圖聽出更深層的問題。會後，艾美告訴我們她對那場咖啡館所留下的美好印象：「感覺很像是大家正在一起製作和雕琢一個美麗的陶器。這只陶器不是由個人的問題思考所型塑，而是歷經過每個人的談話之後，由群體所思考的問題雕琢出來的。它的基本形體在語言的交融下慢慢被撫平、雕琢，然後變得越來越具體。整個精華本質呼之欲出。」

> 當人們為了找出有創意的連結而不得不一起聆聽時，原來僵硬的立場就不見了。

這種注意力的聚集不只能彰顯那個整體的本質，也讓

人看出它的廣袤性，就像英屬哥倫比亞的法律系學生克勞蒂亞‧錢德所言：「世界咖啡館有一種很難說得清楚的特質，」她解釋道：「就好像你突然看見一片大好風景，因為你站在山頂上，腳下的視野非常遼闊。你雖然不可能逐一到訪這片風景的每一處角落，但你感受得到它的整體壯闊之美，並懂得欣賞它。」身為咖啡館主持人的我們，一直在找新的方法幫忙與會者培養出同樣的鑑賞力。而我們發現到，視覺語言的利用，或許是關鍵之一。

視覺語言、視覺聆聽

在第四章的對話裡，我們談到宜人好客的環境空間，當時我曾告訴大家，當我們第一次聽到麥可‧許瑞吉的心得時，心情有多興奮。許瑞吉是麻省理工學院的訪問學者，他發現到舒服自在的環境空間，對合作學習來說非常重要。但除此之外，許瑞吉也提到共同的視覺空間（從餐廳的餐巾紙，到電子感應板和其他視覺性會議工具，都囊括在內），也是有利於合作和共同創作的關鍵要素。根據許瑞吉的說法，真正的合作行動之所以能讓「人們的腦海裡不斷反射出各種影像、地圖和認知，絕對是因為它提供了某種形體，可供別人在它身上勾勒或改變影像、地圖和認知，甚至為它補充價值……*你必須有共同的空間才能創造出共識。*」（斜體字是原文照登的意思。）

許瑞吉所想像的共同空間網絡，「對合作者來說，就像一種概念和技術的遊樂場一樣」，這一點也證實了世界咖啡館主持人在咖啡館對話中所目擊到的現象。在咖啡桌的桌布上塗塗寫寫，這些動作似乎都證明了許瑞吉的所言不假，這裡頭的確有一種活潑的共同空間網絡。莫非這種簡單的共同聆聽動作，以及桌布上視覺呈現各種對話心得的做法，就是咖啡館匯談裡集體促成同步學習的幕後推手？

我真的很好奇，我希望知道更多。於是我找來珍妮佛‧漢蒙德‧藍

道（Jennifer Hammond Landau）和蘇珊‧凱莉（Susan Kelly）這兩位曾在咖啡館對話中身經百戰的繪圖前輩，請她們分享經驗，說明共同空間、視覺語言以及團體一起聆聽能力這三者之間的關係。以下對話就是我們集思廣益的結果。

華妮塔： 我希望我們能探索一下這個會出現一起聆聽、合作學習以及創新的所在──換言之，人們會在這裡用新的角度看事情，彼此之間開始連結，知識基礎不斷擴大。

珍妮佛： 我想到一件事！有一點很重要，若想聽出話中的各種連結，絕對不可以先入為主地事先認定自己很知道。這兩者之間只有一條很細的分界線。你可以利用各種方法，去聽出話中的連結，捕捉其中的想法，規模可大可小──也許是在餐巾紙上、咖啡桌的桌布上、像廣告招牌一樣大的牆面上，或者透過各種電子裝置。但重要的是，你們都在看同樣的東西，你們都在做連結。

華妮塔： 有什麼方法，可以在一開始就幫忙促成與會者一起聆聽？

蘇珊： 色彩很有幫助。事實上色彩可以讓人們更貼近真實的世界。黑白是抽象的、線條是抽象的，但這個世界是彩色的，它不是只有線條。換言之，在咖啡桌中央放進色彩，譬如鮮花和彩色筆，可以幫助我們更貼近真實的世界。色彩讓我們有更寬廣的表現空間。

珍妮佛： 我的經驗是，如果在桌子中央放幾枝彩色筆，便等於給了那些在場人士一個「視覺聲音」，尤其對團體裡較沉默寡言的人。因為那些筆點醒了他們，「只要我寫在桌布上，我的聲音也可以被看見和聽見」。人類習慣靠符號和影像來思考，所以如果能看到你自己和別人的塗鴉，就可以幫忙引出你不曾察覺的各種想法。或許這可以稱作為一種視覺聆聽（visual listening）。

華妮塔： 也許場中魔法最有趣的地方之一，就是大家都在逐字「記錄」自己的聲音，不管是在桌布上塗鴉、寫字或畫圖都可以。

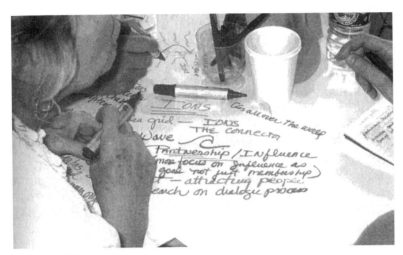

讓對話看得見。

蘇珊：這和咖啡桌上的人數有直接關係。一旦桌上人數超過四或五人，就沒那麼容易把各種點子直接寫在中央了。你可能只在自己的角落裡塗鴉，但絕對沒辦法和別人共同交談和聆聽，注意看桌子中央會出現什麼玄機。

華妮塔：先讓我們想像一下，人們已經在各自的咖啡桌上作了種種聆聽和意見連結。假設有三個人剛坐進我的咖啡桌，桌布中央有別人畫的圖、還有幾個關鍵字，以及一個很明顯的彩色圖形。擔任主持人的我，正在和他們分享上一回合的心得以及桌布上的圖畫意義。然後呢？

蘇珊：加入你這一桌的人，一定會說：「太神奇了，因為我們在那一桌的時候也談到類似的東西，還有那一桌……和那一桌，都有談到唉。」

珍妮佛：我很喜歡聽到人家這麼說。

蘇珊：這些對話似乎正在進行一種建構，因為所有咖啡桌都在同時間內，針對同一個謎團進行分工解題的工作。你開始感覺得到你是那個整體的一份子——就在那個當下。你看到它的發生、它的運作，你看到

你們在同一個主題下，如何互換和聆聽不同觀點，一步步深入其中。

　　珍妮佛：這就好像同心圓，從中間開始擴散，但奇怪的是，它也同時變得更集中。人們開始指出其中的模式與主題。

　　蘇珊：人們會因事情的漸趨明朗化而興奮起來，尤其如果他們真的很在乎那個問題，又或者他們本來在某種程度上就很會互相幫忙。

　　華妮塔：人們會堅持自己的主張嗎？有沒有可能當他們拿不出什麼貢獻，或者自覺沒有人肯聽他們的聲音時，就在裡頭做起自己的事情來了？

　　珍妮佛：這種情形在咖啡館裡比較少見。等我們進行到把牆上壁報紙當成大桌布的階段時，或者進行到整體的想法被反映出來時，大部分的人早就有過各種機會讓別人聽見他的聲音，探索他的想法，甚至被放進其他對話裡。所以他們通常不會各做各的，這種情況很罕見。

　　華妮塔：現在讓我們想像，我們是以市民大會的方式在主持全體對話。我們沒有採用傳統的報告形式，而是要求與會者把先前聽到的各種想法和點子，做一個整場式的串連與連結。

　　珍妮佛：如果說整個團體會有什麼創新之舉，那肯定是在這時候出現。有時候，某張桌上的圖案或符號，會在這時候突然跳出來，為全體對話下一個最好的註解，讓整件事情結晶成形。

　　蘇珊：然後整個團體會敬重和感謝這個集體見地。

　　華妮塔：這是一個很棒的觀察。也許經過這些亂中有序的共同搜尋動作之後——來自桌布上各種圖形、符號和共同空間的視覺語言——人們就會開始覺察到什麼才是最重要的。重要的不只是知識內容而已。齊心協力，共同找出這個社群真正關心的核心議題，也是非常重要的。

　　珍妮佛：它的神奇之處，就在於不管過程裡的內容是什麼，至少我們都曾在這個過程中，有過一番人性面的體驗。對我而言，世界咖啡館的真諦就在於此，而這也是共同空間和一起聆聽讓我們有所發現。

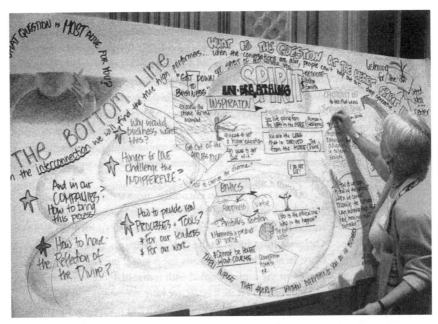

正在進行繪圖記錄

反思：另一種聆聽

　　反思是世界咖啡館裡一項重要的實作。注意力的聚集，再加上集體反思事件的核心本質（el meollo），可以使整個團體開始聆聽，並聽出最完整的東西，領會其中的模式、主題及更深層的問題。在動態參與和相互反思之間，找到一個最好的平衡點，這是身為咖啡館主持人的我們很重要的學習課題之一。當人們在各桌次之間移動位置時，情緒會越來越亢奮，這時若不提醒與會者放慢腳步，適度進行反思，很容易就會失去對話的深度。

　　作為主持人的你，可以在對話中鼓勵與會者深入思考，和多方聆聽各種意見。譬如你可以拿出一個代表談話的小玩意兒，就像克莉絲汀娜·卡爾馬克在開場故事中，為與會者所介紹的那種匯談石。除此之

外，許多主持人也會利用音樂間奏，或者和主題有關的美妙詩詞，再配合適時的個別議事記錄，為會場營造出一種反思的氛圍。新加坡的莎曼珊・陳（Samantha Tan）指出，音樂和詩詞的運用，可以很奇妙地「改變人的心境……為真正的反思開啟一方空間」。你可以利用這些方法，也可以只要求與會者騰出片刻，在卡片上靜靜寫下對話中令他們百思不得其解的事情。這些都能讓我們在學習、見地及更深層的問題上有集體反思的機會，不管是在一回合的對話快結束前，抑或全體心得分享還沒開始前，都可以這麼做。

　　你可能會發現到，光是「鼓勵大家花一點時間反思」這樣一個簡單動作——即便沒有音樂或作任何介紹——也能超乎想像（或者別人的想像）地為你收成各種見地。要想從眾人的意見交流裡，聽出和取得潛藏其中的大智慧，靜默這個技巧絕對是一個方便但少有人利用的機會點。靜默就像是一種滑輪，也有點像是水井上的那條吊繩，可以讓成員們從相互探索和經驗的深井裡，吊引出更深層的智慧。來自澳洲的珍妮・唐恩（Jenni Dunn）是在一場系統思考會議（Systems Thinking Conference）上首度體驗到世界咖啡館，她發現偶爾給點靜默反思的時間，「可以讓某些事情戲劇化地發生，它（靜默）會暗中幫忙整個團體，讓我們有足夠的空間去理解眼前發生的事情，不會讓它在頃刻之間就從桌上對話裡消失不見。」

　　作為主持人的你，只需請成員們靜默幾分鐘，仔細想想或寫下他們從對話中所聽到的重要見地、觀念或發現，就可能牽引出更深層的智慧。其他反思性提問還包括：

- 你對這場對話有什麼深刻的體會？
- 你有聽到什麼意義深刻的對話內容嗎？有讓你感到驚訝或質疑的

地方嗎？

- 到目前為止，這整個全貌裡頭還缺少了什麼？有什麼東西是我們視而不見的？我們還需要再釐清什麼？
- 有什麼東西是我們必須探索但還未探索的？唯有好好探索它，才可能有更深一層的共識和清楚的全貌。

另外，還有一些有助集中集體注意力、挖掘深層見地和創造前進動力的反思性提問，全囊括在第十章「咖啡館流程指南」裡。如果你是在大自然的環境下主持對話，可以在進行深入探索之前，先鼓勵成員們獨自到外頭反思一下剛剛的對話內容。

我們發現到，即便在對話中一起思考，也得留下足夠空間，以便聽見集體智慧所發出的美妙樂音。做為對話主持人的你，可以大膽使用各種實驗方法，去創造反思的空間——好方便與會者以個別或集體的方式，聽出各種表相下的深層意義。我們鮮少有機會給自己一個反思的時間，因為組織和社群的生活是如此緊張忙碌。但世界咖啡館和其他匯談主持人卻逐漸發現，要從有效的行動背後挖掘出令人驚豔的策略性見地，一定得要提供反思的時間。

問題的反思

- 想想看你自覺你的聲音有被聽到，而你也很專心聆聽別人意見的那次與會經驗。當時是在什麼情況下發生的？

- 試想一場即將由你主持的對話。你可能會用什麼做法讓與會者不只願意彼此聆聽，也願意和大家一起聽出其中的模式、見地或更深層的問題？

- 你會在一場即將來臨的重要對話上，提出什麼樣的反思性問題，以利

更深層的探索？你可能在什麼時候，用什麼方法來提出這些問題？

• 視覺聆聽法（包括繪圖式記錄、用圖畫來呈現共同的想法或其他視覺
　性表現手法）可以為你即將主持的那場對話，改善哪方面的品質？

原則七

集體心得的收成與分享

共同智慧的培養其實也有另一個面向——我稱它為
「集體思想過濾器」（collective mindscreen）的創造。
我們該如何協助人們共同覺察出那個整體呢？關鍵思
想與重要見地的收成與分享，就像撐起帳篷支柱。唯
有撐起這些支柱，一個也不少，才能圈出一定的範
圍，讓對話的意義整體浮現。

BDO ScanFutura
芬恩・沃多夫

要是成果收成真提供了進一步探索及行動的養分呢？

故事

改革種子的收成與播種：
德州大學聖安東尼分校高階經理企管碩士
（EMBA）課程

羅伯・藍傑爾口述

羅伯・藍傑爾（Robert Lengel）博士是德州大學聖安東尼分校（University of Texas, San Antonio，簡稱UTSA）商學院（College of Business）經理人在職教育的副所長兼專業卓越中心（the Center for Professional Excellence）主任。他曾透過這家中心，首開先例地向一些組織領導人介紹策略性對話和世界咖啡館，作為他們培養創造力、綜效和策略性革新的方法之一。這則故事是在介紹某高階經理企管碩士班（簡稱EMBA）最近所做的一項計畫，它證明你可以從咖啡館對話裡經驗收到各種見地，再利用它們作為未來咖啡館的種子，展開更多探索，打破組織間的障礙，開啓文化變革的序幕。

在知識經濟裡，領導人必須有能力展開建設性對話，這是基本的領導技巧之一。也因為如此，UTSA的EMBA課程對這類策略性對話的主持能力非常重視，希望能加以培養──而所謂的策略性對話就是針對領導人所重視的議題展開對話，以利進一步的學習與行動。我們一開始先教導大家世界咖啡館對話及匯談的基本結構和原則，以及什麼是肯定式探詢法和策略性未來建構法（strategic futuring）。但若要瞭解它們在變革和學習上的真正威力，勢必得靠實地練習才行。我要說的這則故事和一高階經理企管碩士班有關，他們為了在這方面多所練習，特地和UTSA的學生事務處展開合作。

UTSA是美國境內成長最快速的大學之一。在我這二十年的任教生涯中，我親眼目睹這所學校從五千人的註冊人數扶搖直上，變成兩萬五千人。在此同時，我們也從大學部搖身一變，成為一家全方位服務的學術研究機構，提供多元化的研究所課程。在羅莎琳・安布羅希諾博士（Dr. Rosalie Ambrosino）的創意領導下，儘管學生人數近年來日益激增，但學生事務處在學生服務的處理上、學術使命的改革上，都有了極為長足的進步。

　　我們的EMBA碩士班自願接受挑戰，協助安布羅希諾博士及其部門處理學生服務工作。也因此我們設計和舉辦了一系列的策略性對話，對象囊括事務處各部會人員，人數多達四百名。學生事務處共有六個回報單位，因此EMBA碩士班被分成六個咖啡館研究小組，採一小組對一單位的制度。各組一開始的目標是在各單位進行「溫度檢測」（temperature checks），請教各單位成員以下這個問題：「組織目前情況如何？有出現哪些重要議題、挑戰、疑慮及核心問題？」

　　研究小組可以充分運用世界咖啡館的各種方法。我們希望給他們足夠的自由空間，這樣一來，才能在事後比較這些辦法的優劣，討論其中的學習心得。而在此我要借其中一個例子來告訴大家，某小組是如何利用創新的手法來分享和驗收咖啡館的學習心得。

　　這個小組想瞭解指定單位的「對話狀態」（the state of conversation）。因此在做完大型匯談圈的個人自我介紹之後，便邀請學生事務處的這群員工坐進咖啡桌裡。

UTSA的巨大貼紙牆

　　研究小組發給每桌與會者四疊不同顏色的便條紙，請他們先拿出黃色便條紙，針對人們在自己單位會議上曾公開說過的話，寫出自己的感想，一張便條紙只寫一句話，再以不記名的方式全數收集起來。然後他們又要求與會者拿出藍色便條紙，將人們開完會後在洗手間裡或和朋友用餐時所說的話寫下來。這時候的對話又會是什麼樣子呢？接著也以同樣不記名的方式全數收齊。然後再要求與會者在粉紅色便條紙上寫出他們認為在校人士對學生事務處有什麼看法。最後再用綠色便條紙上回答以下這個問題：「有什麼話是你想說但沒說出口的？」

　　然後咖啡館團隊利用這些便條紙製作出一幅巨大的貼紙牆，上面貼滿來自各桌的彩色便條紙……有黃色、綠色、粉紅色和藍色。這套方法的目的是要一次收集這個團體的集體思想，具體呈現所有與會者的意見，好讓大家看出這中間有什麼新的共通點。他們請與會者逐一欣賞這些內容，仔細看這裡頭有沒有浮現什麼共同的主題或獨特的觀點。

　　接著學生事務處的員工們繼續展開第二回合的對話，這次要思考的問題是：「我們應該請教你們什麼問題，才算得上是真正瞭解牆上這些內容？」由於他們都看過牆上便條紙的內容，因此都能針對學生事務處的現況提出最關鍵的問題。對與會者來說，要他們想出自己的問題，而非解決問題，這個經驗頗為有趣，也因此，大家都會針對自身的現況作深入的解析和敘述，每個人都相當投入。

　　等到六個EMBA小組為學生事務處的各單位辦完溫度檢測咖啡館（Temperature check Cafés）之後，才又回過頭一起開會。每個小組都在會中分享咖啡館的設計手法；各自收集來的見地與問題；對各單位的綜合心得；以及對這次經驗的反思。為了融會貫通所有內容，我們特定辦了一場整合咖啡館（Integration Café），並找來一位繪圖記錄員整理各組的學習心得。在這場整合咖啡館裡，學生們深思後發現到，接下來他們需要的不是來自各單位的分散資訊，而是積極填補各單位之間的接縫處，以便看出更大的全貌。

　　因此到了第二學期，我們開始引進未來探索會議（Future Search Conference）的概念。未來探索法是一種按部就班的結構性辦法，會召集系統中不同相關利益者前來開會，瞭解他們的過去與現在，搜尋他們之間的共同點，找出新的策略，在共同未來的基礎上建立一致的承諾。我們獲准花兩天時間和六十名學生事務處的員工開會。這六十位員工事先經過篩選，足以代表各單位的不同心聲。我們的目標是要展開一場全系統（whole-system）的對話，完全不同於分批式（parts）的對話。未來探索會議讓這個組織有了全體交談的機會，並在牆上用繪圖和張貼便條紙的方式，具體呈現整個組織的對話內容，再利用這些驗收後的成果，作為下一步動作的開端。

　　我認為只要人們可以從圖裡頭看出彼此的共通之處，就會開始玩起連連看的遊戲。未來探索會議所呈現的東西，只是在表現他們全體人員對於學生事務處未來動向的心聲。你也可以說是他們發現了自己的「共同心聲」。這些學生事務處的員工總共提出六項重點（他們想共同努力的部分），而我們也同意會在接下來的行動咖啡館（Action Café）裡，針對其中四點優先要務展開後續作業。行動咖啡館將邀集學生事務處所有員工參加，不會只局限於曾參加未來探索會議的人而已。

　　誠如你所見，世界咖啡館對話和未來探索會議是可以相容的作業模式。因此我們的下一步動作是想辦法讓那些先前未參加過未來探索會議的人，在參加這次行動咖啡館時，能就地瞭解之前會議的各種見地。還好在接下這次挑戰性任務時，EMBA碩士班的學員就已經先派出班上的技術頂尖同學，組成未來探索會議的記錄小組。這個小組早已規畫好如何收集會議裡的各種心得發現，因此不曾與會的人根本不愁不知道會議得出哪些重點成果。除了繪圖記錄之外，他們也為所有公開對話進行語音和影像的錄製工程，並記錄議事內容，以免出現任何遺漏。他們利用這些素材做出一套多媒體的DVD，以方便其他EMBA小組利用它來向學生事務處所有員工進行兩場後續的簡報工作。每次簡報接近尾聲時，

我們都會張貼報名單，歡迎有志人士登記參加更多場的行動咖啡館對話。

　　為了舉辦這場行動咖啡館，整個班級被分成四個小組，以便一對一地負責六項重點裡的其中四點要務。我們希望這件工作可以持續做下去，因此每個小組都和學生事務處的各代表保持密切的合作關係。這樣一來，學生事務處的人也能不斷累積咖啡館的設計與執行經驗，等到我們的課程活動結束後，他們還是可以繼續自行運作。課程計畫終於接近尾聲，我們把從一開始的溫度檢測咖啡館到行動咖啡館等書面報告，外加有視聽記錄內容的DVD，以及過程中所收集和整合的其他資料，一併交給學生事務處的人。

　　我們發現到像桌布和牆上繪圖等這類做法，雖然對曾參與咖啡館匯談的與會者來說非常好用，卻鮮少用在組織裡其他方式的對話裡。這對咖啡館和其他類型的策略性匯談來說，無疑是種挑戰。可是當這些成果被人很用心地整合成完整的故事時，這個故事就會開始流傳，吸引別人的注意。舉例來說，專為學生事務處所錄製的DVD故事，就在校園裡廣受歡迎，也引發其他團體想針對重大問題展開熱烈的對話。

　　我想說的是，我們從咖啡館經驗中學到，集體心得的收成與分享其實有兩個重點。第一，用心收集各種見地非常重要，如果你想把每位與會者的貢獻當成集體智慧的一部分，慢慢織出條理分明的全貌，這將會是最基礎的工作。不管是只舉辦一場世界咖啡館活動，還是把咖啡館對話當成一系列活動之一，就像我們和學生事務處的合作方式一樣，這個道理都是適用的。

　　第二，有效的策略性對話（可以讓你在一個大的制度裡，活用學習心得的對話）是由栽種種子、收成果實、去蕪存菁地留下新種子，以及重新栽種到新的土壤裡等不斷循環的過程所組成。我相信領導人的責任是負責照顧這座策略性對話花園，確保旗下單位或組織確實執行這些栽種與收成的作業。在專業卓越中心裡，我們發現咖啡館對話可以提供領

導者一些基本方法，以利他們耕耘土地、分享思想食糧、找到共同的基礎。

　　我曾在科羅拉多州丹佛市山上某處鄉下的集會所裡，看過一個團體共同成果收成和分享集體知識，那是我有生以來最受感動的一次個人經驗。當時我和某全球通信企業的先進科技研發小組一起共事，他們找了一個偏僻的場所集會，花三天時間進行知識的交流。目的是什麼？其中一名科學家這樣說：「我們沒有一個人知道我們有什麼共同知識。但我們必須有足夠的知識，才能代表整個研發團隊去面對體制裡的合作客戶。」

　　那三天的共處的確是個轉捩點，我們學會了如何慢慢彰顯集體智慧。剛開始那兩天，我們來回做了好幾場咖啡館，好讓科學家們從中瞭解客戶的需求，也順便彼此分享手邊正在進行的工作，同時探索未來的機會點，以便槓桿運用他們的集體專業智慧。

　　到了最後一天，他們找到一些梯子和臨時的鷹架，在牆上畫出一幅巨大的矩陣圖。最上面一排框框悉數填入客戶群組，下方靠邊的位置則寫出不同的研發領域。接下來在矩陣框格裡貼上一張張像畫板一樣大的紙張，摘要出前兩天咖啡館對話所得出的心得結論。當他們忙著製作矩陣，互相幫忙填補空白框格時，我看到這中間正逐漸浮現和形成新的連結關係，就好像看見一個活生生、有意識的有機體正在你眼前長大成形。

　　能親眼見到他們這樣逐步成形彰顯自我的集體知識，著實令我感動。透過他們的個人陳述和各種咖啡館對話，這些科學家、工程師和光纖高手終於在他們的共同專業領域上獲得共識。他們利用共同的視覺空間來直接構築出集體知識，藉此證明他們之間的共識。當六十名成員齊

聚一堂看著牆上傑作時，現場沉默良久。顯然他們是被彼此給感動，也被這項通力合作的大工程給感動，他們非常肯定這些同步得來的智慧與經驗。

咖啡館的另類變體：集體知識的記錄與呈現

　　全球各地的世界咖啡館主持人不斷發掘新的方法，為的是要咖啡館匯談的學習心得有更多的現身機會。包柏・侯恩（Bob Horn）、麥可・許瑞吉（Michael Schrage）、大衛・席比（David Sibbet）等先鋒前輩均有志一同地認定，口語的對話往往只有一天壽命。我們謹記他們的教誨，會繼續努力下去。少了口語記憶或視覺記憶，對話裡所產生的創意點子、印象和見地，會很容易遭到扭曲或遺漏。有一些媒介可以創造和呈現與會者的個別和集體見地，因此如果你想進行一起思考和行動，尤其是在大型團體裡，那麼你一定得靠各種不同媒介，來為當下的學習心得進行成果收成和分享的動作。

　　就像羅伯・藍傑爾口述的故事，還有我和研發部科學家所共處的親身經驗一樣，你可以視自己的目的和期待成果，用很多方法去收成和分享世界咖啡館匯談中所得到的心得結果。芬恩・沃多夫及其丹麥的同仁們或許稱得上是最有經驗的人，他們很懂得利用各種方法去收成和分享集體心得。他告訴我們一些他試過的辦法。以下是他的談話內容。

　　　　我們當然試過很多辦法。你可以把桌布全數攤開，邀大家一起圍觀。如果由各桌的人互相幫忙介紹桌布上的內容，效果會更好。屆時，整個團體就能探索整個對話的核心。

　　　　如果有很多張桌子，我們也可以請各桌交出一張大卡片或大型便條紙，上頭記載該桌對話核心的重點。如果與會者的人數不多，

可以請各位與會者把他們認為重要的想法寫在卡片上交出來，然後再將這些卡片悉數貼在牆上，或分門別類地張貼，再請他們一一瀏覽。有時候我們也會利用電腦做快速匯整，當場出版一份快報，這樣一來，與會者便可利用頭版上標題展開進一步對話或行動規畫作業。我們甚至會利用錄影機來錄製與會者學習心得的故事。有時候，我們也要求與會者自己找伴在會場裡邊走邊聊那天的心得或最得意的構想。然後再拉另外兩個人進來聊，串聯彼此的想法，接下來再拉四個。每次的串聯動作都會迫使與會者更精簡和集中對話的主題。不消多久，就能大概知道大家所聽到的重點內容是什麼，尤其如果每個人都很認真，一心想聽出潛藏在整個團體後面的集體智慧是什麼時，效果更是明顯。

另一個方法是由各張咖啡桌各自負責舉辦自己的個展。你可以這樣告訴與會者：「一個小時後，屬於你們的個展就要正式登場。我們會準備飲料，屆時所有與會者都會前來參觀，看看各咖啡桌或不同組的咖啡桌在對話的探索和學習過程中，以及未來的可能行動上，有什麼樣的心得結果。」（不管你們想放進什麼心得成果都可以。）等到他們各自完成自己的個展，就可以到展覽會場看看別桌的展示成果——他們可以互相補充見地和發表意見。這就好像在催生一個有著全貌的生命體一樣。

你永遠不可能確實捕捉到咖啡館匯談裡已然成形的那個整體，因為每個人都有他或她自己的解讀方式。但只要能誘出眾人對此全貌的各自觀點，就能共同掌握重要的核心知識。

我們的同仁肯恩・賀蒙（Ken Homer）正在全球致力於開發世界咖啡館的社群，他告訴我們另一種很棒的收成法，很適用於不同的條件狀況。他和校園特派員蘿莉・麥克肯恩（Laurie McCann）在加州大學聖

克魯茲分校（University of Califonia, Santa Cruz）為資訊技術服務處合辦一場世界咖啡館，目的是要協調旗下二十四個不同部門的作業，使其成為一個完整的實體單位。他們在最後一回合的咖啡館對話裡，請教與會者一個問題：你個人認為最重要的提問是什麼？如果能就這個問題做進一步的探索，你一定能為這個計畫做進一步的推動。

肯恩回憶那天的景況。「最後這道問題引發出許多有待探索的空間。為了讓全體與會者都能看見集體智慧的成形，我們特定發給每位與會者一人四張圓形貼紙，其中一張畫有 X，另外三張是空白。我們要求他們把畫有 X 的圓形貼紙貼在他們認為最需要探索的問題上，再把剩下的貼紙貼在次要問題上。最後形成一幅清楚的視覺地圖，大家終於找到最值得重視的問題，以及一干問題的優先順序。」

在沙烏地阿蘭可公司裡，丹恩・華特斯在某未來式會議上，和公司顧問們大玩藝術和符號的遊戲，他們鼓勵與會者在咖啡桌的桌布中央留一塊橢圓形的空白空間。等到對話接近尾聲時，丹恩請在場每一桌的來賓在橢圓圖形裡畫出一個簡單的圖畫，表達他們對未來的衷心期許。這些圖畫後來成了確定優先順序，和決定未來方向的重要參考資料。

在波蘭，美國品質協會（the American Society for Quality，簡稱 ASQ）曾為聯合國所贊助的品質會議籌畫過一場咖啡館。當時擔心意見的分享，可能會因禮儀形式或階級隔閡而施展不開，於是 ASQ 的執行長保羅・玻拉斯基（Paul Borawski）特地利用袖珍鍵盤的投票方式，來收集會中的各種見地，刺激與會者做進一步的探索。「我們會在咖啡館裡提出一個問題……譬如『你們認為在波蘭，品質的未來前景如何？』就在大家展開咖啡館匯談時，我們會準備好一系列的答案──譬如『前景看好』、『有風險』，諸如此類等，然後再請他們根據自己在咖啡桌上所察覺到的討論結果，來回答這個問題。然後以不記名的方式，在全體會員面前秀出統計結果。他們一看到這麼多不同的結果，自然會展開熱烈的對話與討論。他們會提出問題，聆聽別人的看法，也趁機看看自己

的答案是否符合多數人的想法。」

　　不斷找出新的方法，去整合咖啡館的心得發現和見地，協助與會者注意個體與整體之間的密切關係，這是我們在工作上所必須不斷學習的部分。我們相信這對必須經常主持重要對話的我們來說，無論是不是以咖啡館的形式在進行，都是一個有待深思的重點領域。

故事

結合個體與整體：財務規畫協會

金恩‧波托和西恩‧華特斯口述

　　世界咖啡館比較難處理的其中一部分，是全體意見的彙整，以及各回合咖啡館結束後的後續對話。當初我們是因為想出展覽之旅（Gallery Walks）這個點子，才意外找到一個可以延續與會者參與熱情的好方法。我們的做法如下：我們先以一個特定主題，展開三到四回合的咖啡館對話。第一回合的時候，我們以

> 財務規畫協會的金恩‧波托（Kim Porto）和西恩‧華特斯已經找到一種特別好用的方法，非常有利於個別和集體心得的收成與分享，它可以適用於各種不同情況。

每桌為一個單位，請他們務必想出一個全面性的問題，這個問題若能被解決，對於現況的疑慮將有極大的影響。這個問題必須寫在各桌的大張厚紙板上，再折成一半，看起來很像是一座「帳篷紙板」，它將成為該桌後續兩、三個回合的匯談重點。

　　然後各桌會留下一名主持人負責說明自己的問題，他或她會以服務員的身分為每一回合的對話服務。第一回合對話結束時，其他三名來賓會換到別的桌次，只不過他們可以根據自己有興趣的問題來選擇桌次。在每一回合的對話裡，與會者都要針對桌上的問題，將自己的見地或想法寫在一張張的便條紙上，然後帶在身上，繼續參加其他回合的對話。

　　至於桌上主持人（或稱問題服務員）則繼續在桌布上隨手記錄或繪

製和該桌問題有關的心得內容。在第二或第三回合時，咖啡館的總主持
人會繞行會場，記下各桌帳篷紙板上的問題，然後我們會為每道問題準
備一頁頁的活動海報。如果很多桌的問題都一樣，我們會把它們全數放
進同一份活動海報。萬一只是性質類似或互有關聯，我們也會把它們比
鄰放置。由於會場上貼滿了各種問題，因此每個人都可以大約看出整個
探詢模式的輪廓。

　　等到最後一回合的對話快結束前，我們沒有給與會者休息時間（因
為這往往會分散團體的能量），反而給他們十分鐘時間，要他們把手上
貼紙貼在活動掛圖上的問題旁邊。此舉使與會者有機會針對之前探索的
問題，以及張貼在會場上的其他問題，補充自己的想法、見地、靈感和
假設看法。當他們看見彼此提出的想法時，都很感興奮，開始形成另一
回合的「小團體」對話——與會者三三兩兩聚在一起，討論他們從長廊
之旅中的所見所聞。

　　接下來，我們展開全體對話，重點擺在幾個關鍵看法或見地上。我
們先從活動掛圖上最具人氣的問題開始，或者也可以先從很多桌都同樣
質疑的問題，或互有關聯的問題開始。我們不斷要求與會者仔細觀察，
在這些問題之間，有什麼共同的主題和模式？能否從中找出新的行動契
機？抑或有待深入探討的領域？有時候，為了確保所有聲音都被聽見，
我們也會請與會者提出他們認定還沒完全解決、必須繼續探討的問題。

　　我們認為這種彙整全體意見的辦法之所以有趣和管用，原因之一在
於與會者對於自己想說什麼，有絕對的自我控制權。他們不必靠各桌的
主持人來總結他們說過的話，也不必靠會議記錄者來捕捉他們的言詞。
每個人都有機會（也有責任）針對他或她認為有意義的事情，提供自己
的意見，並將自己的意見放進他或她自認相容的拼圖裡。此外，這個辦
法也能製作出具體的對話記錄，方便後續的工作，以及日後的行動規畫
及排序作業，確保不會漏失任何重點。

主持全體對話

　　世界咖啡館的設計目的，是要促成集體的知識分享和創造。光靠個人是無法辦到的。但矛盾的是，你還是必須透過個人的意見表達，才能形成各種見地。既然如此，與會者究竟該怎麼做，才能在不流於傳統報告形式的情況下（傳統的報告形式不太能呈現出小型團體對話的深度和熱度）分享到集體見地呢？

　　全體對話（在結束所有回合的咖啡館對話之後，才舉行的全體對話）是收成和分享集體心得的重要方法。這種對話的設計與進行，需要很特殊的技巧和謹慎的態度。它的目的是要延續匯談的氣氛，但同時也要創造機會，催生出全體一致的集體見地。

　　全體對話的設計方式，得視咖啡館的目的而定，並且得看哪一種心得分享方式最能符合你的成果期待。根據我們的發現，催化性問題的提出往往很有幫助，因為這種問題可以幫忙彙整全體意見。你會在第十章看到這類問題的若干例子。除此之外，為了協助大家跟上集體思維的腳步，也可以要求在場人士把進行中的對話想像成一球線團，這球線團會隨著全場人士全神貫注於匯談的精華之處、分享個人反思、為對話劃上休止符時，在不同人士的手上彼此傳遞。請他們仔細聆聽彼此的意見，如果他們覺得這個意見和某人之前說過的話很有關聯，請提出來分享。此舉有助會場內思想網絡的銜結。等到完成一條線索之後，再請其他人提供別條線索，繼續思想網絡的編織作業。

　　有些時候，你也可以一開始就先請大家想想看前幾場對話的核心重點是什麼。請他們把自己想像成一個合作思考的系統——在開始分享見地和心得之前，先設法聽出其中的深層智慧。這兩種簡單的方法可以讓大型團體的探索作業更具連貫性。人們可以覺察得出大型團體所展現的主題、模式和重要觀念，但同時也有自由空間可以衍生出其他觀點，擦出意想不到的思

> 根據我們的發現，催化性問題的提出往往很有助於大家專注彙整全體意見。

想火花。

　　找繪圖記錄員來幫忙，效果更顯不同，因為隨著與會者個人意見的呈現，也同時幫忙所有與會者認識到那個更大的整體。等到桌布參觀之旅或其他方式的展覽結束之後，視覺專家會以文字和繪圖的方式，在牆上大壁報紙或黑板上記錄與會者的反思內容。這塊「會場中央的桌布」可以使與會者看清全貌。這種視覺記錄的方式，能揭示出不同構想、意見之間的連結關係，使人們的思考更見系統化。

　　不管你有沒有找繪圖專家，我們都發現到有件事情很重要：主持人一定要在進行全體對話之前，先給全體與會者幾分鐘安靜反思和作筆記的時間。除此之外，也要請在場人士先就個人觀點（簡單扼要地）說說看，之前他們參加的那些對話，其中的重點核心究竟是什麼。此舉有助於呈現「個別意義裡的共識」（shared understanding of individual meanings），這是瑞典籍咖啡館主持人玻・蓋勒帕恩的形容用語，這種共識能揭示出對話網絡裡的不同重要切面，但不需要各方先協調出一個共同意義，畢竟日後進行要務排序作業或行動規畫時，必須納入各種多元化觀點。除此之外，鼓勵與會者自行詮釋，這種作法不僅能讓「理性知識」浮出檯面，也能讓「感性智慧」表露無遺。雖然只是一個簡單的改變，卻能避開大型團體常用的團體報告或代表報告等傳統形式（這些形式往往很呆板無趣）。

幫忙傳達見地

　　伊凡・巴斯第昂提出一個重要而且具啟發性的問題，這個問題和我們要探索的事情有大的關聯：見地如何傳達？玻・蓋勒帕恩曾經別出心裁地提出一些有趣的方法，來幫忙傳達見地，目的是要讓沒有參加過第一次匯談的人，也能瞭解見地內容。他說了一個故事，他曾和瑞典一家大型銀行舉辦過幾場大規模的策略性對話，

見地如何傳達？

該地區總監告訴當地的經理們，他們會收到咖啡館匯談上所製作的彩色壁報投影片。「結果發生一件我們始料未及的有趣事情，」玻說道，「當地的經理們後來告訴我們，以前開過一般的策略會議之後，他們通常都會收到固定格式的簡報軟體投影片，逐點記錄正式策略會議的成果內容。他們會秀給員工看，員工也必須規規矩矩地坐下來聽他們做簡報，完全沒有參與的熱情。」玻微笑地補充道：「可是這次當他們收到集體知識彙整而成的彩色壁報投影片時，他們都傻了，不知道該如何像往常一樣規規矩矩地做簡報。他們得從說故事開始！結果當那些經理人開始利用說故事的方式來分享會中過程時，員工們竟然都興致勃勃地討論起來，急於想瞭解那些圖畫和關鍵字句的意義，以及它們對自己的工作會有什麼影響。」

那些被咖啡館匯談拿來記錄各種重點問題、對話過程，以及心得成果的故事書、視覺報告、CD或DVD，都可以被當成一種對話式的「記憶喚起指南」（memory joggers），非常有利於後續的作業或成果規畫。除此之外，這些別出心裁的見地彙整方法，也可以用來傳播消息，為對話網絡作出更廣的串聯。儘管這些傳播見地的方法不太能完整傳達咖啡館匯談的現場氣氛與心得發現，但還算是有效的工具，可以刺激出更多的對話與行動──不管有沒有咖啡館的形式。

我們的學習優勢

本來只是想找出最好的方法，來傳達和運用世界咖啡館匯談裡的集體見地與過程故事，沒想到竟讓我們意外發現到，其實我們正面臨一些更大的挑戰與問題，對於這些挑戰與問題，我們都還在摸索的階段。舉例來說，西方的學習和教育方法往往抱有個人主義式的心態。在美國和其他國外地區，我們才剛開始運用麥可‧許瑞吉口中所謂的「歡宴工具」（convivial tools）──簡單一點的，如咖啡館的桌布和繪圖記錄法；複

雜一點的，如群組軟體，以及其他有助同步作業的科技工具——這些都
能幫助我們把集體知識視覺化。

　　為了在組織和社群的關鍵議題上形成更完整的共識，勢必得找出更
好的方法，來連結個別與集體智慧。芬恩・沃多夫曾針對這個主題，拋
出一個有待領導人思考的啟發性問題：「一個集合體究竟是如何學會一
起思考的？集體見地的形成原理和個別見地有什麼不同嗎？」

　　其他咖啡館主持人則以此探詢為基礎，展開提問：「我們要如何在
不同的會議規模中，利用什麼方法讓集體見地逐漸清楚成形，甚至變成
可以行動的計畫？」要立竿見影，看來我們得考慮用有別於按部就班的
報告（在傳統的組織和社群裡，分析式報告和簡報軟體式的會議對我們
來說，早就耳熟能詳）的另類模式。我們發現到像互動式的繪圖法以及
像視覺語言、戲院、詩詞、藝術表演和互動性科技工具等另類方法，反
而能夠有力提升我們在面對複雜議題時的共同思考能力。

　　對於該用什麼方法去取得、收成、分享世界咖啡館對話裡的見地與
故事，在這方面，我們已經學到許多。我們很想知道世界各地正在進行
的各種創新實驗以及世界咖啡館在這方面的貢獻。如果你要在自己的組
織或社群裡進行主持對話的實驗，我們很希望聽到你的經驗談。

問題的反思

- 你曾看過什麼最有效或最別出心裁的方法，可以讓全體成員更清楚看
  見集體知識，進而提升集體的學習成果和心得發現。

- 從你的觀點和經驗來看，要實際有效地傳達見地，最好靠什麼方法？
  集體心得的收成與分享，對共同智慧的提升以及重要心得的後續探
  索，會有什麼實際影響？

- 請試想一場你即將參加的集會或對話。有什麼別出心裁的心得收成、

記錄和分享方法，對(a)與會團體很有幫助；(b)而且非常有利於向其他共同草原的團體傳達見地。

第 **10** 章

咖啡館流程指南：
主持的技巧

主持是一種活動，也是一種態度。

世界咖啡館主持人
卡羅斯·蒙他·馬甘

要是主持的意思真就是歡迎所有來賓的來到呢？

代表她們的姐妹同胞共商大計：
來自非洲的身障婦女

瑪麗安·米勒·博日埃口述

米勒·博日埃（Mille Bojer）是改革先鋒會（Pioneers of Change）的創始人之一，它是一個全球性社群，會員都是二十五到三十歲出頭、矢志改革的年輕人。這群年輕領袖正努力透過成員網絡，試圖將各種最先進的組織、社群發展流程以及領導人才培育流程，推廣到七十個國家。世界咖啡館流程之所以成功，主要是拜主持技巧之賜。這是米勒在南非一場很特殊的咖啡館裡擔任主持人的心得故事。

「我加入！」

當我聽到有三十五到四十名遠從非洲來的婦女，要在我們這座城市約翰尼斯堡集會動腦，互相鼓勵，分享各種有利工作進展的構想與工具，並為非洲身障婦女建立一個側重優生保健和防制愛滋的全新網絡時，我激動地做出如上反應。我是從我同事瑪麗安·納斯（Marianne Knuth）口中聽到這則消息，聽說丹麥身障人士協會委員會（the Danish Council of Associations of Disabled People）正在南非徵求一名世界咖啡館主持人，來推動這場會議。這群婦女團體不想成立新的正式組織，只想創造一個可為現有組織進行串聯工作的網絡，它必須能不斷吸取這群婦女團體的願景目標、創意構想，並幫忙拓展個人關係。

沒多久，我就聯絡上丹麥的里拉·奈爾森（Lena Nielsen）和烏干達的克斯坦·奈爾森（Kirsten Nielsen），這兩名丹麥人都有參與計畫，此外，我也和來自南非身障人士協會（Disabled People of South Africa，簡稱DPSA）的代表取得聯絡，共同合力設計盛會。等我比較進入狀況之後，我才知道這個團體不同於一般，我們必須適度修改咖啡館流程來配合與會者的特殊需求，因為她們都是身障婦女，其中好幾位是全盲和弱視，還有許多肢體身障的婦女（得靠枴杖或輪椅行動），以及兩名聾啞人士。

　　我這輩子從沒在工作上遇過這種團體！我寫了封電子郵件請教里拉，確定她們真的想用世界咖啡館的方式來開會嗎？咖啡館對話必須不斷更換位置，而且還得視會議進度，在會場裡掛上許多東西，以便視覺呈現整個團體的成果進展。但這種團體適合這麼做嗎？

　　雖然里拉本身沒有參加過世界咖啡館，但她知道會員們希望用一種「能集中與會者構想」的流程，而她聽說這正是世界咖啡館最厲害的地方。我雖然還是很緊張，但也不免對這個挑戰感到興奮。我在想，如果我能想出辦法靈活運用世界咖啡館的原則，或許我可以從這場特殊集會的經驗中，學到更多主持的技巧和創意。結果不出所料，工作研討會一週下來，的確成了我這一生中難以忘懷的經驗之一。

　　既然這次集會是我們首度和身障婦女的網絡一起聚會，因此決定一開始就先盡可能使用網絡裡的會議組織和主持方法。舉例來說，雖然與會者都有準備一些報告，但我們要轉利用這些報告來刺激各小組之間的互動對話。此外，我們也請與會者在做自我介紹時，能順便和在座成員分享她認為真正重要的問題是什麼，這樣一來，與會者自行編織而成的關切網絡（web of concerns）就會成為這場會議的重心所在。

　　每天下午，我們都根據當天主題舉辦一場世界咖啡館。我們探索身障社會運動在各與會者的國家有哪些強弱表現，也探索她們特有的非洲背景，並為她們日後的網絡勾勒出一個願景，並抽出一天供各國代表報告。但我們不是採一次聽完十五場報告的模式，而是拿來在小型咖啡桌上進行討論，找出共同的趨勢、模式和共通的問題。

　　這些婦女非常肯定咖啡館的流程。我注意到因為她們身障的關係，反而讓我更有機會肢體接觸，建立更深的情誼。我常常得觸碰這些婦女——我觸碰盲眼的與會者，讓她們知道我在她們身邊；我觸碰肢體障礙的與會者，協助她們行動。如果是聾啞人士，我們會盡量放慢作業，方便翻譯人員跟得上進度。為了配合每個人的步調，我們會花更久的時間來更換位置。

　　作為咖啡館主持人的我，不管何時有誰進入會場，我都會大聲宣佈，請她自我介紹，好讓盲眼的與會者知道有誰在場，讓她們清楚聽見新來的人坐在哪個位置。我的目光直視著每位與會者。我仔細觀察她們。我從第一天起就記住她們的名字。當我在牆上寫了什麼或畫了什麼，我都會仔細描述其中內容。每次會場裡的擺設有了改變，我也會告訴她們，好讓她們下次進入會場時，知道要小心避開哪些更動過的擺設。

　　三天下來，這些來自非洲的身障婦女，彼此分享了她們在優生保健這條路上，所遇到的各種困難及對現況警訊有關的學習心得，然後我們開始勾勒未來網絡的願景及它的結構設計，包括目標與原則、角色與關係以及溝通的流程。由於我們已經在咖啡館對話裡進行了為期一週的網絡流程作業，所以她們很容易想像未來會以什麼組織方式，來實現這種基本的網絡構想，而且不會絲毫減損已經在世界咖啡館裡建立起來的個人關係與情誼。

　　我真的很開心能和這群真實又正直的身障婦女共事五天，她們代表的是和她們一樣身障的姐妹同胞們。這種感覺和其他一般的會議完全不同。譬如我上個月才開了一場會議，會中人士越是討論貧窮這個主題，就越是嗅不出貧窮的味道。但在這裡，當這群婦女在對話網絡裡分享自身的故事與經驗時，聽者無不感同身受。雖然我已經好一陣子沒和她們碰面了，但我一直沒忘記她們。我從電子郵件中得知，這個網絡目前仍在運作中。

　　在這次的咖啡館主持經驗，我沒有學到什麼特殊工具，而是學到了我的「存在」是為了什麼。感覺上「主持」就是做你自己，你不必刻意去扮演任何制式的角色。與會者都很有幽默感，我感覺得出來她們也只是在呈現真正的自己。正因為我感受得到，因此身為主持人的我更有空間可以做我自己，我想這也間接鼓勵了她們去做真正的自己。從某方面來說，我只是幫忙她們一起主持而已。

此外，我也學會如何體貼別人，這是我以前沒有過的經驗。世界咖啡館流程在與會者之間創造出一種連結的網絡，催生出集體智慧。但除此之外，我還發現到主持人也有另一個重要的角色，那就是你可以隨著會議的進展，從各方面去連結與會者，這對團體的集體智慧開發有很大的影響。

方法之一是你要懂得包容。我會仔細觀察與會者需要什麼，其實她們的需要並不難察覺。我會注意看有誰沒跟上流程或者被漏掉了，於是我會把她帶進來，鼓勵她盡量發言。這對主持人來說是很重要的工作，即便是在比較傳統的場合裡也是一樣。

此外，我也認為如果主持人能很有自信地為大家說明什麼是咖啡館，也會有很大的助益。因為如果與會者不清楚接下來會發生什麼，他們就會開始質疑整個架構與前提，情況也會變得很棘手。所以當你在介紹咖啡館的原則和流程時，必須頭腦清楚、充滿自信。還有一點很重要，主持人要抱著奉獻的精神，隨時為與會者服務。不要先入為主地認定這種事太簡單了，對話過程一定很順利，而是要隨時轉身留意有沒有需要你幫忙的地方。

這樣說起來，好像我從這場會議中所學到的主持技巧，並不適合用在非身障團體的身上。但從更深的層面來看，其實是互相通用的——關鍵只在於身為主持人的我們，有沒有那個勇氣和那個決心去落實它們。

透視與觀察

我常納悶，為什麼世界咖啡館的流程和原則，可以讓那些在領導、組織和引導技巧上表現平平的人，也能成功主持咖啡館式的匯談，而且還是大型團體的匯談哦。過去十年來，我們從我們的「行動中的研究」中發現到，只要能別出心裁地運用世界咖啡館的七點設計原則，並且在

匯談剛開始時就清楚介紹咖啡館的規矩（請參考下一個單元中的「在活動現場：主持世界咖啡館」），往往就能營造出有利於一起對話的條件，並能避免掉許多大型團體所常發生的脫序行為。

　　但有一點必須強調，咖啡館對話裡的高潮性「魔法」不見得會常常出現。要想取得集體智慧，一定得先想清楚世界咖啡館的模式，適不適合你這個團體（請參考下一個單元「先決定你的情況適不適合採用咖啡館的集會方式？」），並且要有足夠的時間來規畫這場對話，同時也要整合運用咖啡館的七點設計原則，一個也不能少。

　　主持偉大的對話（不管是不是咖啡館匯談）是一門藝術，它靠的是個人的覺察力與注意力。曾在自己的家鄉丹麥以及國際間向數百人傳授過主持技巧的托克・莫羅，他的說法是：「如果你不能完全表現出自己，你就無法主持咖啡館或任何一場具有深度學習意義的會議。這是一種真實生活的演練，和理論無關。你一定會遇到某些事情，讓你必須超越自己的認知極限，創造新的可能。但要跨入這個新的空間之前，你必須先克服自己的恐懼，沉澱心情，為自己騰出一方空間。在這個空間裡頭，做為主持人的你可以清楚看見當下需要做什麼。」

　　另一位丹麥籍的世界咖啡館先鋒芬恩・沃多夫則指出：「做為一名主持人，我會把自己的注意力全數放在與會者身上，注意看他們之間正在浮現中的那個整體。我會不斷想出各種別出心裁的方法，協助與會者將他們桌上以及對話網絡裡呼之欲出的那個東西，具體成形出來。」

　　托克補充道，「主持」意味你必須先去徹底瞭解世界咖啡館對話裡的各種系統辦法。「知識分享的系統、提問的系統、人際關係的系統——這些都需要逐一施展，才能活靈活現起來。如果你有足夠的好奇心，可以去接受各種事情的實際演變，你就有機會拿出自己的最好表現。主持的功力好，是你的莫大榮幸，不是苦差事。它是很重要的領導工作。」

　　珍・漢恩・奈爾森（Jan Hein Nielsen）是托克的朋友和同事，她也

支持這些說法，但也強調信任的重要性：「主持人必須先信任自己，相信自己有能力激發每個人拿出最好的表現。她必須相信與會者有能力也有意願共同進入學習的領域。

而與會者也必須相信他們可以在主持人的帶領下，展開學習和行動，不管他們希望得到什麼成果，都能在會場中實現。如果他們之間沒有信任，根本主持不下去。那不是主持，天知道是什麼！」

　　主持人要做的是：歡迎來賓進入一個創意的空間──一個「未知」（not knowing）的空間。它必須是自由進出的空間，不會強迫人，這樣一來，與會者才會覺得自在，才能展現出自己的最佳思維。另一位名叫莫妮卡・奈爾森（Monica Nissen）的丹麥籍同事，她的說法是：「如果這個探索空間是開放的，隨時都可能出現新奇的事物，你最好有迎接驚喜的準備。你不可能確實知道會發生什麼事。有時候你甚至和別人一樣，只能在旁邊等。」

　　大部分的人都不知道，好的主持人是靠什麼方法培養出莫妮卡所形容的那種開放空間，直到我們願意停下腳步，反問自己：「主持人要做什麼才會讓我覺得受歡迎？」這個問題或許能讓我們找到咖啡館主持技巧的真正本質。當我們在談主持這件事時，指的不是傳統的引領或領導技巧，而是在指你應該利用咖啡館的七點原則，來協助與會者自行組織起來，使他們能針對自己關心的問題，在咖啡桌上互相主持對話。

　　作為一個咖啡館主持人，你要反問自己：我該怎麼做，才能讓周遭人士覺得生理上舒適自在，心理上有安全感，而且在智慧上得到該有的挑戰？我要怎麼協助與會者更深入認識和欣賞彼此，更進一步理解和肯定我們所探索的問題？我該如何教咖啡館的與會者互相主持對話，教他們從彼此的對話中去發掘那個神奇的魔法？不管你的答案是什麼，也不管其中意涵是什麼，你都得開始試著練習。把不管用的技巧拋在一邊，稍微修正一下看似有效的方法。最重要的是，你要常常反問自己這些問題，再整合你的答案，放進自己的主持技巧裡。不久你就會找到最適合

自己的主持方法。

　　這章的後面內容有別於本書的其他內容，可做為世界咖啡館的主持指南。這份指南不是一本食譜，它只是提供你基礎的材料，好方便你根據自己的特殊需求和狀況，來調理出匠心獨具的對話。你也可以從本書的其他章節和世界咖啡館網站上，找到許多實用的例子與訣竅。

世界咖啡館主持指南

事先做好準備：召開一場世界咖啡館

　　當你在召開和主持一場咖啡館對話時，可以盡情發揮自己的想像力，好好玩它一玩！雖然可以靠咖啡桌和鮮花等傳統擺設來製造特殊的氣氛，但這絕對不是唯一可用的辦法。我們聽聞過許多有趣的設計，包括在起居室裡三兩成群地展開對話，再輪換位置；或者在森林裡的大樹之間更換位置；抑或展開學習之旅，中途再讓乘客互換小巴士。不管你選擇什麼方法，都要整合運用咖啡館的七點設計原則，才可能讓與會者們做到主動參與和真正匯談的地步，增加未來行動的可能性。好好利用你手邊現有的空間。你可以在場景佈置和用品選擇上別出心裁一點。發揮你的想像力，利用世界咖啡館來幫忙達成你要的目的。盡你一切所能做一個最棒的主持人，而且要對這套流程有信心。

●先決定你的情況適不適合採用世界咖啡館的集會方式

　　在設計時謹記世界咖啡館的各項原則，這將有助於你改良方法和進行各種重要的對話。咖啡館的運用範圍很廣，你可以用在只有九十分鐘的研討會上，也可用在為期好幾天的會議上。咖啡館可以單獨舉辦，也可以合併到大型會議裡，成為會議中的一個單元。

世界咖啡館對話尤其適合以下目的和情況：

- 分享知識、激發創新思維、建立社群，以及針對現實生活裡的各種議題和問題展開可能的探索。
- 針對重大的挑戰和機會點，展開深入探索。
- 讓首度碰面的人可以展開真正的對話。
- 為現存團體裡的成員們建立更好的關係，讓他們對團體的成果有認同感。
- 在演說者和聽眾之間創造有意義的互動。
- 當團體人數超過十二人以上（我們曾主持過一千兩百人的咖啡館對話），而你又希望每個人都有充分發言的機會。世界咖啡館尤其適宜結合小型團體的親密對話，與大型團體的分享學習樂趣。
- 當你至少有九十分鐘的時間可以舉辦咖啡館時（兩小時就更理想了）。有些咖啡館一辦好幾天，不然就是依附在一般會議的架構之下。

如果是以下情況，世界咖啡館恐怕不是最理想的選擇：

- 對於你要找的對策或答案，其實你已經有了腹稿。
- 你只想做單向的資訊傳達。
- 你正在製作詳細的執行計畫和作業任務。
- 你只有不到九十分鐘的時間可以舉辦咖啡館。
- 你遇到的是極端對立和火爆的場面。（在這種情況下，要主持世界咖啡館需要很高超的技巧。）
- 你的與會人數不到十二人。在這種情況下，你可以考慮採用匯談圈、直接會商或其他有利真正對話的傳統辦法。

●為背景定調

　　一旦你認定自己的條件很適合舉辦咖啡館對話，接下來就得釐清它的背景。換言之，你要注意三個 P：目的（purpose）、與會者（participants）和外在因素（parameters）。

- 想清楚你找大家集會的目的何在？還有你可以從這場集會中預見到什麼可能成果。一旦你確定咖啡館的目的何在，便可把它當作咖啡館的名稱，譬如領導咖啡館、社群咖啡館、發現咖啡館、週年咖啡館等。
- 確認要找哪些與會者參加。多元化的思想，比較能催生出更多的見地與心得發現。
- 把你正在處理的一些外在因素考慮進去（時間、預算、場地等），看看能否活用這些外在因素，達到你的目的。

●營造宜人好客的環境空間

　　全球各地的咖啡館主持人，都對如何營造宜人好客的環境空間這個問題十分重視──這個空間必須讓人覺得舒服、有安全感、勇於表現自己。尤其要想清楚，該怎麼透過邀請函的設計和場地的安排規畫，來創造出好客的氛圍。

　　你可以在邀請函上直接點出與會者最重視的問題或主題。選定一個會引人好奇，和可誘發更多對話可能的問題。在邀請函的設計上，要讓收件者覺得當天一定會很好玩、會有很多事可以參與，會學到新的東西。在寄書面邀請函時，想辦法突顯它的不同，使它有別於一般的電子郵件或書面信函，不必拘泥形式，盡量發揮創意，盡量個人化，製造出有趣的視覺饗宴。

　　不管你是邀請數十位還是數百位與會者，都要讓你的來賓感覺得到這不是一場普通的會議。盡可能把會場佈置得熱絡親切。讓人們一進入

打造出咖啡館的環境空間

會場，便能聽到優美的音樂。自然的採光和戶外的美景永遠是最佳的利器。萬一你的會場沒有窗戶，一定要搬些綠色植物進來，好活絡現場氣氛。只要在牆上多掛幾幅圖片或海報，便能立刻將沉悶的會場轉變為活潑的空間。食物和點心是營造好客和社群氛圍的最佳幫手。別忘了在集會當中隨時供應點心和飲料。

　　別讓自己被以上建議所限。請參考本章稍後列出的會場佈置方式及用品內容，再利用自己的想像力和創造力，去打造出一個完全迎合與會者的環境空間。

●探索真正重要的提問

　　為了開啟偉大對話的大門，必須先費心尋找和構思出重要的提問，而這部分得靠謹慎和專注的思考能力才能辦到。你的咖啡館也許只探索一個提問；也許是採多方探詢的方式，透過多回合的匯談來帶出重要的發現。從許多例子來看，咖啡館對話的目的，就是在發掘和探索有力的提問，其認真程度就像在找當下的對策一樣。你所選擇的提問，或者與

會者在咖啡館對話期間所找到的提問，都是決定這場對話成功與否的關鍵。誠如國際企業學習協會的艾瑞克・沃格特所指出，一個有力的提問必須具有以下特點：

- 它很簡單明瞭。
- 它能引人深思。
- 它能釋出能量。
- 它能集中探詢的焦點。
- 它能讓我們嗅出其中的基礎前提。
- 它能開啟新的未來的種種可能。

　　有經驗的咖啡館主持人最喜歡使用開放式的提問──那種可供進一步探索的提問。好的提問不需要你立刻展開行動或當場給個答案，它會讓你不由得繼續深入探索與挖掘，不是要你的支持和示好。我們會在本章稍後的地方列舉這類生生不息的提問，好方便你設計自己的提問，以利會中探索。要知道你的提問好不好，只要看它能不能繼續催生出新的點子和各種可能。在決定用這些提問之前，最好先測試一下。找你信任的朋友或同樣出席咖啡館的同事，來測試這些提問，看看它們能不能引起眾人興趣和釋出能量？如果你已經找好一名演說者，最好請他或她一起幫忙發想提問，才能確保這些提問的探索對與會者來說，是切身相關的。

在活動現場：主持世界咖啡館

　　世界咖啡館通常會連續進行三個回合的對話，每次持續二到三十分鐘，然後才是全體成員的大匯談。幾個回合的對話下來，雖然已經很長了，但各回合的對話若不滿二十分鐘，與會者往往會覺得太趕。在進行

全體匯談之前，究竟需要幾個回合的對話？每回合的對話又該多久？這得看你的重點和目的而定。你可以自己實驗看看。

　　咖啡館的總主持人（在較大型的集會裡會有一個主持團），他或她的第一件工作是歡迎與會者的光臨，告訴他們飲料放在哪裡，請他們入座，以及在第一回合對話開始前，回答和現場流程有關的問題。一旦所有與會者就座之後，總主持人必須負責說明咖啡館的目的和相關的流程作業，與會者知道等一下他們得更換桌次位置，而且可能會在對話正熱絡的時候打斷他們，請他們結束對話，就像平常交談會遇到的情況一樣。這種冒然打斷對話的動作或許引起與會者的不悅，這是很正常的，但他們可以把未完成的對話內容帶到下一桌去。此外也要事先說明當一個回合的對話結束時，必須留下一名成員待在原桌，擔任那桌的主持人，其他人則換到別桌，和別桌的人混坐在一起。

　　各桌主持人必須同時身兼與會者和服務員的角色，但不是正式的引導者（facilitator），而其中一個

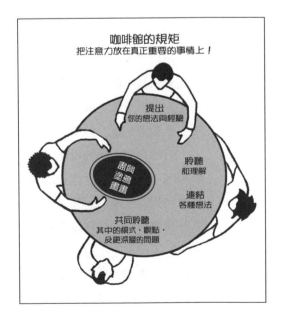

角色就是和新入座的與會者分享上個回合的對話精華。在座的每一個人也都有責任幫忙主持人作筆記和摘要重點，如果真的很有感覺，也可以用畫圖的方式，來呈現有趣的思維和見地。這種「桌上記錄」方式，有助於主持人向新入座的與會者說明之前產生的點子與構想。請務必鼓勵與會者在對話過程中直接在桌布上書寫、畫圖或塗鴉。這些桌布上的圖畫往往潛藏著深奧的意義，有助於視覺學習者連結各種點子。至於稍後會更換桌次位置的與會者，也要記得把這個回合對話所產生的重要構想、主題和問題隨身帶著，以便在下一場對話中傳播出去。

　　開始第一回合的對話前，最好先介紹咖啡館的一些前提和禮節。你可以直接用投影片展示我們這一頁的圖，或者貼在畫板上，抑或印成卡片發給各桌與會者。再不然也可以用你自己的畫稿。與會者若是能清楚瞭解咖啡館的一些前提和禮節，就會在一些觀念和行為上知所進退，也有益於建設性匯談的達成，不會讓人覺得大會是在吹毛求疵。最後在正式進行咖啡館匯談前，記得再留點時間回答問題。

　　現在你已經準備好要針對第一回合的對話提出問題。把問題寫在活動掛圖或投影片上（即便你的問題是請大家找出自己的問題），必要的話，可以多印一些影本，貼在會場四周，或印成卡片發給各桌與會者。人們常常以為他們聽懂你的意思，但其實還是會有出入。如果能提供視覺上的參考資料，就能避免這類混淆，幫忙釐清問題，我是說如果有人要求你釐清的話，但千萬不要提供答案或引導對話的方向。

　　鼓勵每個人盡情提出各種構想與觀點，記得告訴大家，有些人的貢獻和別人不太一樣，他也許只能當一個專心的聽眾。有的咖啡館主持人喜歡在對話開始前，先請大家推派出各桌的主持人，有的則喜歡對話結束時再處理。不管你選擇哪一種，都請務必在與會者更換座位之前選出各桌的主持人。

　　要結束每回合的對話時，都要用溫和的手法讓大家知道時間已到，請為下一回合的對話更換座位。許多主持人會用舉手的方式示意與會者

靜聲，請他們也跟著舉手，代表這個回合的對話已經結束。請鼓勵離座的「旅客們」到別桌找別人一起坐下。請各桌主持人代為歡迎新入座的來賓。提醒大家入座後，請在主持人還沒分享前一個回合的對話精華前，先做簡單的自我介紹，每個人都要專心聆聽，在彼此的意見上做更多的交流發揮。務必讓大家知道這一回合所產生的新問題，把問題貼在大家都看得到的地方。

有時候，人們參加第一回合的對話後，會換到別桌進行第二回合對話，然後再回到原桌展開最後一回合的彙整作業。也有些時候，會讓他們每進入一個回合的對話，就更換一次座位，但主持人卻一直待在原桌擔任服務員，負責說明該桌不斷出現的對話精華與各種見地。有時候也可以讓與會者展開短暫的聆聽之旅，聽聽別桌正在探索什麼，再回到原桌整合其中的共同點和不同觀點。就像書中許多故事和例子一樣，你要怎麼變化運用，全看你的目的而定。

●鼓勵大家踴躍貢獻己見

每桌之所以只坐四到五人，原因之一是要讓每個人的聲音都能被充分聽見。不太敢在大型團體裡發言的人，遇到這種比較溫馨的咖啡館場合，反而能大方提供各種有趣的見地。在大部分的咖啡館集會場合裡，只要提出問題，人們就會在別人的鼓勵下展開對話，探索各種想法。這一招大多時候都很管用。

不過我們也發現到，如果桌上能有一個說話物件（talking object），比較能幫忙確保桌上的談話不會只被一個人壟斷。談話物件是以前原住民朋友慣用的東西，可能是一根棍子、一顆石頭、一支簽字筆、一只鹽罐──只要能在桌上互相傳遞，都可以拿來用。請與會者準備發言時，先拿起那只代表談話的小玩意兒，等到說完後，再放回桌子中央。這種談話物件可以順序傳遞，也可以讓先發言的人在說完之後，自行決定要交給誰來繼續發言，只不過被選到的人若是不想發言，可以直接跳過

去。做為主持人的你，最好在咖啡館一開始的時候，就向大家介紹這種
談話物件的運用方法，或者也可以在會開到一半，當你覺得到有必要讓
大家瞭解「深入聆聽」和「放慢步調」對思考空間更有益時，而適時提
出談話物件這件事。談話物件之所以能帶動成員們參與對話，是基於兩
方面的考量：手握談話物件的人可以充分清楚地說明自己的想法；沒拿
到談話物件的人則必須仔細聆聽別人的談話，尊重別人的觀點。

　　作為主持人的你可以自行決定要怎麼混合運用「自由對話」和「談
話物件」這兩種辦法。如果你預期可能出現情緒激動或意見不和的場
面，最好先使用談話物件的方式，然後再展開比較自由的對話方式。

●交流與連結不同的觀點

　　世界咖啡館的特色，就是在不同桌次之間更換座位、和陌生人交
談、大方提出你的想法、將你的心得發現與正在成形擴大的集體思想加
以結合。最後模式會浮現、不同觀點被競相提出、各種見地與創意也以
意想不到的方式結合呈現。

擦槍走火的咖啡館？
如何處理意見分歧與緊張的場面

世界咖啡館主持人兼網站站主——肯恩・賀蒙

　　咖啡館對話難免會出現意見的分歧，但最後仍會達成共識，這是新見地的
形成過程之一。只不過意見的分歧雖然可以聚集能量和帶動高潮，但也可能擦
槍走火，出現爭吵和緊張的場面。如果你認為可能會有爭執，或者你發現到對
話正陷入膠著，那麼你可以在下一回合的對話裡，鼓勵與會者在交談時多多運
用以下的說法。

- 從你剛剛的談話裡，我聽到一些很令我欣賞的內容，那就是……
- 我聽到一些很能引發我思考的內容，那就是……
- 為了更瞭解你的觀點，我可不可以請教你一下……

　　只要適度利用這種簡單的措辭，就可以將效率不彰的分歧對話，轉變成可
供與會者多方思考、盡情抒發己見的學習型對話。

咖啡館匯談裡的意見交流模式以及更換座位方式，都能幫忙降低減少與會者「堅持」自我立場和固執己見的可能機率。

有時候，客觀環境不允許與會者移動座位，但這不表示他們不能做異花授粉似的意見交流工作。作為咖啡館主持人的你，可以請所有與會者將桌上對話得來的重要見地、觀念或主題寫在卡片上，然後各自朝不同方向轉身，和隔壁桌的人互換卡片。這樣一來，也能在不同回合的對話進行隨機式的意見交流作業。拿到卡片的成員們要大聲唸出卡片裡的內容，以利注入新的思維，深化另一回合的桌上對話。

●共同聆聽其中的模式、見地和更深層的問題

在知識創造的過程中，一定要注意其中出現的模式和連結。要想發掘出新的知識，就得靠這種動態聆聽。身為咖啡館主持人的你，可以多方鼓勵這種聆聽方式，才有可能催生出更多的見地、創意與行動。你可以在咖啡館剛開始時，先要求與會者抱著向眾人學習的心態展開對話，鼓勵他們把不同的觀點和看法視作為不可多得的好禮，即便它讓他們覺得不自在，但極可能孕育出全新的可能知識。

當人們鼓勵彼此做更深入的思考時，最容易催生出有創見的思維。請與會者注意聆聽別人的意見，要他們串聯和構築出共通的想法，千萬不要漫無目標或離題。提醒與會者仔細聆聽出各觀點當中呼之欲出的見地、模式和核心問題，因為這是單靠個人力量做不到的事情。建議他們如果意見紛陳，可以適時停頓，讓大家有充分時間加以沉澱，理出新的頭緒。最後也要提醒與會者在共同探詢的過程中，挪點時間進行反思，反問自己：我們對話的核心是什麼？

●集體心得的收成與分享

最好經過幾個回合的對話之後，再進行全體對話。這種市民大會式的對話，不會有正式的報告或總結分析，而是提供一個空間供大家共同

反思。請給他們一段安靜的時間好好反思，請他們寫下「旅途」中的所學所聞、意義蘊涵或對話成果。你可以請會場中的任何一個人簡單分享對他們來說，最有意義的觀念、主題或核心問題，並鼓勵大家仔細想想前幾回合的對話，有沒有得出什麼心得可以分享。

　　盡量誘出更多的意見與想法，利用安靜反思的時間來催生新的發現——因為只有安靜的環境裡，才有可能釋出深層的智慧、領悟新的知識、發現新的可能。可能的話，請務必將這些重要見地以看得見的方式記錄下來，或者收集後再張貼。萬一你怕有所遺漏，也可以請每位與會者在貼紙或卡片上，寫下一個核心想法或見地，然後全數張貼出來，再和行動規畫或其他議題進行整合。

讓大家都看得見集體知識
確定行動的優先順序

　　在大部分的世界咖啡館集會裡，與會者都是在紙製的桌布上書寫或塗鴉點子，在座人士可以實際「看見」對方的想法是什麼。此外，也有別的方法可以實際收成和運用咖啡館裡生生不息的點子及構想。

- 找一位繪圖記錄員來幫忙捕捉全體對話的精華內容，他或她可以在活動掛圖或牆上壁報紙上，直接繪製出與會者的各種想法。這些彩色的壁畫就像是全體人員的大型桌布，可以讓他們從中看見各種重要的見地與行動契機。

- 舉辦一場桌布之旅。把桌布悉數掛在牆上，請與會者趁休息時間來參觀各桌的構想成果，以此作為重要見地誕生的前奏曲。

- 把與會者的見地全部貼出來。每位與會者都把自己的見地想法寫在一大張紙上，然後貼在牆上，供所有與會者休息時間逐一檢閱。這一招也可以用在咖啡館的結尾，用來凝聚重要的主題或行動。

- 創造出成組的意見群。徵求志願者幫忙把各種見地分門別類，好讓大家都看得出來哪些點意見和構想互有關聯，此舉有助於規畫下一步動作。

- 製作出一則報導。有些咖啡館會製作一份報紙或一本故事書，以利會後與更多人分享咖啡館的成果。再不然也可以請繪圖記錄員製作一本圖畫書，書中的數位照片和內文可作為書面記錄，供日後使用。

會場的佈置安排與用品的準備

　　這裡提到的會場佈置方式，是以最理想的狀況為前提，你的場地也許不完全適合這個模式，但你可以盡情發揮自己的想像力，盡你所能地設計與安排世界咖啡館的匯談流程。有沒有用到咖啡桌，其實無所謂。只要善用現場既有的條件，再整合運用咖啡館的七點設計原則即可。一定要有創意！舉個例子，如果沒有桌子，可以把椅子排成U字型，等對話開始時，再合成一個圓圈。把卡片或便條簿放在椅子上，再發放簽字筆，供他們作筆記。

會場的佈置安排

* 一間可以自然採光、看得見窗外綠意的會場。如果沒有這種場地，請搬些植物或鮮花放在會場四周，為會場增添大自然的氛圍。
* 可供四或五人入座的小型圓桌或方桌（直徑大概三十六吋到四十二吋之間）。牌桌也可以，不過圓桌比較有咖啡館氣氛。一桌如果不滿四人，提出的見解可能會不夠多元化，但如果超過五人，又會限制在座人士之間的互動。
* 一間足夠大的場地。與會者才能在各桌次之間自在遊走，咖啡館主人也能在不干擾入座來賓的情況下，和與會者打成一片。
* 桌子的排列方式不必太整齊。紊亂的分布在會場中。
* 格子桌布或一般的彩色桌布。如果沒有這種桌布，也可以用白色桌布。即便只是放從畫架或活動掛圖上取下來的白紙，也無妨。

用品的準備

* 在每張咖啡桌上鋪放兩張白紙（就像客人會在咖啡館的桌布上塗鴉一樣）。如果你打算在會中把這些紙貼起來，最好多鋪幾層。因為大家會直接在桌布上記錄想法，所以就不必為各桌另行準備活動掛圖了。
* 準備大張壁報紙或活動掛圖紙，以便集中張貼集體見地。
* 用一整面牆壁來張貼巨幅壁報紙或掛置兩面黑板，好方便繪圖記錄員的作業。也可利用牆面空間來張貼從各桌收集來的紙張。
* 每張桌上放一只馬克杯或玻璃杯，杯裡插滿各種顏色的簽字筆（最好是水性和無毒的）。建議用Crayola牌或Mr. Sketch的水性簽字筆，或者其他深色的毛氈筆或簽字筆，譬如紅色、綠色、藍色、黑色和紫色。
* 每張桌上都放一只插著鮮花的花瓶。最好選用花型小的鮮花，才不會擋人視線。如果場地允許的話，可以再加一只小蠟燭。

- 在會場前方多擺一張咖啡桌，可以用來放主持人和演講人的資料。
- 準備一張邊桌，擺放與會者要喝的咖啡、茶和小點心。
- 為所有與會者和演講人準備名牌和椅子（椅子如果有多，再拿掉）。

額外設備

- 一個投影機、一面銀幕、一張可擺放投影機的桌子和一台數位相機。
- 一套音響設備，揚聲器的品質必須很好，可以播放錄音帶和CD。
- 柔和的爵士樂或其他輕快樂曲的音樂錄音帶或CD，在來賓進場時播放。
- 為咖啡館主持人準備有揚聲效果的麥克風，必要時，準備兩只領夾式無線麥克風。並為市民大會式的集體對話，準備兩只手拿式的無線麥克風。
- 兩或三個活動掛圖，上有空白的白色紙張。
- 兩面以上的白板或黑板，尺寸是四乘六或四乘八平方英尺。
- 用箱子裝一些基本用品：釘書機、紙夾、橡皮筋、簽字筆、修正帶、原子筆、大頭圖釘、鉛筆和黏性便條紙。
- 可能的話，準備一些白色以外的彩色卡片紙，尺寸是四乘六平方寸或五乘八平方寸——數量必須多到每位與會者都拿到好幾張來作筆記，或用來在各桌之間交換見地。
- 淺色的大張黏性便條紙，尺寸是四乘六平方寸。二十五張一疊，每張桌子都放一疊便條紙。如果你想要與會者寫下自己的想法，並張貼出來，就會需要用到它們。

四季皆宜的提問

　　這些都是我們和其他同仁覺得很好用的提問，可以用來刺激出新的知識和創意思考，而且不分全球各地，任何情況皆宜。請看以下問題，盡量以它們為跳板，發揮自己的創意，想出幾種最適合你情況所需的問題。

有利集中注意力的提問

- 什麼樣的提問在獲得解答之後，可能對我們目前所探索的議題——也就是它的未來——造成很大影響？
- 對於眼前這件事，你認為最重要的是什麼？你為什麼這麼認為？
- 是什麼吸引你們／我們去做這樣的探詢？
- 我們的意圖究竟是什麼？有什麼更深層的目的——亦即「偉大的原因」——值得我們這麼大費周章？

- 從這件事情裡，我們看見什麼機會點？
- 對於這件事情，我們目前為止知道多少？有什麼仍需學習的地方？
- 在這件事情上，有什麼進退兩難的地方？或者有什麼機會點？
- 在思考這件事情時，需要先檢驗或質疑什麼基礎前提嗎？
- 和我們持不同意見的人對這件事的說法是什麼？

這些提問有助於連結各種意見想法，找出更深層的見地

- 從這裡可以看出什麼端倪？從這些不同的意見裡頭，我們聽出了什麼深層的意義？我們有沒有聽出什麼重點？
- 這中間有沒有浮現出什麼對你們來說很新的東西？你們正在展開什麼樣的全新結合？
- 你們有聽到什麼具有實質意義的東西嗎？你們在訝異什麼？你們在困惑或質疑什麼？現在你們想提出什麼問題？
- 目前為止，我們還少了什麼，才能拼出全貌？我們有沒有視而不見什麼？有什麼地方需要再作澄清？
- 截至目前為止，你的重要心得或見地是什麼？
- 接下來，我們需要思考什麼？
- 有什麼事情是我們目前為止還沒談到，但若想達成更深層的共識和認知，就一定得談到它，這件事究竟是什麼呢？

可以創造前進動力的提問

- 若要在這個議題上作出一番變革，得付出什麼呢？
- 在什麼情況下，會讓你我覺得對這件事很投入？很興致勃勃？
- 這裡頭有什麼可能空間？有誰在乎這件事情？
- 我們需要把當下的注意力放在哪裡，才能繼續前進？
- 如果成功真的指日可待，我們應該大膽選擇什麼樣的後續行動？
- 我們該如何在後續行動裡支援彼此？我們可以各自做出哪些特殊貢獻？
- 路上可能遇到什麼阻礙？我們該如何迎戰它們？
- 如果是從今天開始對話，那麼什麼樣的對話可以帶來漣漪擴散效應，為（這件事情）未來創造全新的可能？
- 今天我們應該共同埋下什麼種子，才能真正影響這件事情的未來？

主持重要對話的幾點原則

　　若能整合運用世界咖啡館的七點設計原則，絕對有助於在商業和社會價值上發揮最大的對話力量。

為背景定調
先釐清目的，為對話範圍訂好界線。

營造出宜人好客的環境空間
在環境佈置上，一定要給人賓至如歸的感覺，讓人有安全感，才可能放鬆心情，相互尊重。

集體心得的收成與分享
讓集體知識與見地得以現形，以便付諸行動。

共同聆聽其中的模式、見地及更深層的問題
集中所有注意力，在不抹煞個人貢獻的情況下，找出思想的連貫性。

探索真正重要的提問
把共同注意力集中在有力的問題上，以便集思廣益。

世界咖啡館
主持重要對話的幾點原則

為背景定調
營造出宜人好客的環境空間
分享集體心得
探索真正重要的提問
共同聆聽出其中的見地
鼓勵大家踴躍貢獻己見
連結不同的觀點

交流與連結不同的觀點
在不離開共同核心問題的前提下，盡量增加各觀點的連結方式與密度，充分發揮生命系統生生不息的力量。

鼓勵大家踴躍貢獻己見
鼓勵大家踴躍發言，活化「我」和「我們」這兩者之間的關係。

大步前進，開花結果

　　世界咖啡館是一種不斷進化的實作練習，得靠主持人好好掌握咖啡館的七點原則，並靈活運用，才有可能在一起思考和有效行動上有所突破。如果你無法從這份主持指南或這本書裡找到答案，來解決你當下的處境或抉擇，請利用你自己的團體經驗和直覺，為自己找出最好的一條路。對話式領導是一種藝術，不是科學。好好利用自己的創意，不只能設計出好的咖啡館流程，也能在生活面和工作層面上，提升你對話式領導的品質，因為只有靠真正的對話，才能催生出最好的成果。試試看……你會喜歡它的！

問題的反思

- 你會用什麼別出心裁的方法，將世界咖啡館的原則和流程，活用在一場即將而來的對話裡？這場對話，對你生活或工作來說，非常重要。

- 試想一場即將而來的會議或對話，你將在其中擔任主持人或者幫忙主持。在這種情況下，你會刻意利用哪些方法，去營造賓至如歸的氛圍、定調背景和設計對話裡的重要問題，以便開啟更大的合作和學習空間，得到更多的心得發現。

- 如果你即將以世界咖啡館匯談的方式主持對話，你需要有哪些個人的準備動作和後勤作業，才會有信心帶領整個流程？

- 你可能遇到什麼挑戰？你會怎麼處理？

- 如果你有更純熟的主持技巧，這對你在生活上、工作上或社群裡所重視的事情會有什麼影響？

第 **11** 章

對話式領導：
培養集體智慧

懂得尊重生命的領導人，知道該如何信任和利用社群、公司、學校或組織裡隨處可見的智慧。當今的領導人必須知道如何做好一個主持人——如何在有利集體智慧成形的創意流程裡，做一個可以登高一呼、可以容納多元變化、可以接受各種觀點的主持人。

柏卡納學會（The Berkana Institute）
瑪格利特・惠特里（Margaret Wheatley）

如果對話式領導就像在細心照料一畝田地，那會如何呢？

　　在這一章裡，我們會利用四個故事來說明，對話式領導可以如何巧妙運用世界咖啡館的流程及原則，來催生出各種重要成果。這些故事在在突顯出對話式領導的關鍵技巧和組織結構，可以如何幫忙二十一世紀的組織及社群催生出集體智慧。

故事

為教育界培養對話式領導的風氣：波克郡的學校

卡洛琳・包德溫口述

卡洛琳・包德溫（Carolyn Baldwin）是佛州波克郡（Polk County）公立學校的前任督學。她和同事曾以為期五年的時間，利用咖啡館對話及匯談圈的方式，整合該地區一百三十八位校長和五千名老師的知識與經驗，為當地八萬四千名小學生及中學生提升教育品質。卡洛琳以「對話式領導」這個字眼來代表這種大規模的變革辦法。以下就是這則故事的原委。

　　雷・約根森博士（Dr. Ray Jorgensen）是一位受人敬重的組織學習顧問，是他將世界咖啡館的概念首度引進我們這個由三十人所組成的執行領導團隊（Executive Leadership Team）。後來曾參與麻省理工學院匯談計畫（MIT Dialogue Project），並曾在匯談領域裡首開研究風氣之先的蘇・米勒・赫斯特（Sue Miller Hurst），也特別為所有校長舉辦了一場為期三天的課程，讓我們紮紮實實體驗到匯談圈的力量。於是幾年下來，我們漸漸習慣以學習型對話作為核心領導的方式，和校內系統的作業模式——一開始只運用在校長們身上，後來擴及各校教職員，稱得上是一場雖吃力但極為有趣的經驗。

　　執行領導團隊的第一次咖啡館經驗真的很棒。大家圍坐一起，互相討論，向來不是學校官僚系統會做的事。但我們發現到，咖啡館對話所提供的方法，可以讓人在輕鬆的氛圍下，展開一起思考與意見的探索。執行領導團隊每個月聚會一次。第一年，我們都是採咖啡館匯談的方式。等到那個學年快結束時，我們已經有過好幾次的咖啡館經驗了，因

此非常熟悉箇中流程。咖啡館匯談成了我們用來討論重大議題和創造共識的最好方法，也成了我們這個多元化團隊建立互信的重要方法。

基於這個經驗，五名地區督學開始回過頭去向各校校長推廣這種對話式領導的方法。舉例來說，當我們剛開始利用世界咖啡館的辦法時，在我這一區的校長們就曾利用過咖啡館對話，來發展長程計畫和重要的策略性行動辦法，希望能從此提升學生的在校成績。結果效果很好！那時候，佛州政府已經開始為各校作分級評等。我這一區的學校有很多都屬於第一類學校，意思是這些學校的學生大多來自於低收入家庭。我們剛開始的時候，根本沒有Ａ級學校，只有三所Ｂ級學校，和一些Ｃ級、Ｄ級學校，以及一所Ｆ級學校。直到校長們開始利用世界咖啡館的方法在教師之間建立起學習社群，從此以後，我這一區就再也沒有Ｆ級學校了。而且所有學校至少都升了一個等級，有些甚至連跳幾級。我認為如果不是靠咖啡館匯談，來促成這些有利改革的點子與行動，這一切根本做不到。

把世界咖啡館當成對話式領導的方法之一，竟也間接創造出其他意想不到的成果。當我剛開始運用這些對話辦法時，普遍聽到的反應是：「我可不想說出自己的點子，這樣一來，別的學校不就知道我們的成功秘訣了嗎？到時我的學校反而失去優勢。」但體驗過我們的咖啡館對話之後，校長們開始明白團結力量大的道理。我之所以知道各掃門前雪的心態已完全消除，是因為那年有一家大型購物商場派了一個代表來參加我們的會議，他在會中提出一個有助假日促銷的競賽點子──贏的學校可以得到獎金。結果當那名代表離席後，校長們都異口同聲地說：「我們今年不想舉辦這種比賽，因為這有違我們的整體原則。我們不是彼此競爭的學校，我們同屬一個系統，同在一個團隊。」我當下的想法是：「哇！這玩意兒真有效！」

經過那次事件之後，校長們開始展開深入對話，討論各校現有的問題，串聯彼此的智慧，力圖正面變革。其中有位校長在同一所小學裡服

務了二十九年之久，因此有豐富的經驗可以拿出來分享。在他長達二十九的任職期間，早已看過太多辦法的起起落落，許多同輩不是身故就是退休。在其中一次咖啡館對話中，他語重心長地說道：「剛開始，我也以為這種咖啡館的玩意兒愚蠢至極——包括在會場裡不斷更換座位，進行對話，圍坐交談。我當時的想法：『這種東西肯定不會活得比我久！』但你們知道嗎？這個方法讓我又找到朋友了！」他成了對話式領導的積極擁護者之一。

一旦校長們接受了咖啡館和匯談圈的方法，便開始把對話式領導帶回學校推廣。老師們發現到，他們不再需要靠一堆訓練課程或教材，來教他們怎麼進行有意義的對話，他們只需要找出時間坐下來好好聊聊，把他們對孩子們的所知所聞，以及需要改革的地方一一找出來。結果得到顯著的成果！舉例來說，孩子們的數學和閱讀成績明顯進步。五年來，學生的學業成績年年提升，就連各校的風紀問題也獲得改善，這可從各校的休學率及記過頻率的降低看得出來。

我認為咖啡館對話之所以有效，是因為一般人往往不敢靠近那種很標榜專業的東西，但咖啡館卻像是要你暫停比賽，休息一下，先脫下體制內的戲服，做真正的自己，大家一起合力反省。於是人們開始清楚看見，只要集合眾人的智慧與意見，不必管各人在體制內的角色扮演為何，就一定能找出有待改善和革新的地方。也因為這個過程，我們一起提升了共同創造的能力。這是我從波克郡公立學校的對話式領導經驗中，所學到的寶貴一課。

成果就在人際關係裡：惠普公司

包柏‧韋斯口述

我第一次接觸到世界咖啡館，是在柏卡納學會的生命系統課程上。當時我是惠普公司製造部的經理，旗下人手約有三百名員工。那時候在進行咖啡館對話時，我就被一種極為深奧的東西所困擾。我在想或許我們可以用對話網絡這四個字，來更精準地替代組織圖上所出現的各種方塊。我雖然有這樣的領悟，但難免還是覺得光靠「管理」對話來實現成果，恐非上策。本來我們就得每天針對不同問題展開對話，就像那些咖啡桌上的對話一樣——而且公司裡的作業方

> 惠普公司（簡稱HP）的資深工程師包柏‧韋斯（Bob Veazie）非常強調組織績效。他曾全面改善整個系統的工安與品質。如今他把工作重心放在顧客經驗上。在這裡，包柏談到他在某工安改善計畫裡所扮演的對話式領導人角色，以及他如何在這個角色裡活用世界咖啡館的模式與原則。而這個計畫也於短短四年間，影響遍及五萬名員工。

式，也是在「各桌」之間不斷移動位置。當我看見世界咖啡館在我眼前運轉時，我突然靈光一現：這不就是我生活上的實際運作方式嗎？

我終於意識到對話網絡的力量與潛能，也感覺得到網絡結合所產生的真正價值，這讓身為領導人的我不免有些倉皇失措。我不禁納悶：如果我們之間的對話和人際關係才是工作的核心重點，那麼身為領導人的我，又該用什麼方法貢獻所能？甚至從整個自然的對應過程中吸取能量？如果我們能藉由問題的集中探索和眾人的參與，來取得數百人甚或數千人的集體智慧，為什麼我們現在仍只肯利用少數人的智慧呢？這些問題深深困擾著我。

第一次的咖啡館經驗之後，又過了一年半，我成了惠普公司在奧勒岡州科瓦利斯（Corvallis）某小型噴墨生產作業的工安主管。但這份工作的責任範圍很快擴及到HP全球各地的噴墨製造作業——全球總計有五個點，員工人數大約一萬五千人，包括愛爾蘭和波多黎各在內。後

來，等我和全公司上下的工安事業部展開合作時，我們的辦法已經擴及至其他製造單位和事業單位，等於是全公司上下共五萬名員工。

　　一開始，我們的工安事故率很高。舉例來說，在科瓦利斯，每年都有6.2%的員工因公受傷。波多黎各的事故率是4.1%；愛爾蘭則在2.5%到3%之間。這些數值都算很高！我第一年負責工安時，是採行杜邦公司（Du Pont）的「STOP」辦法，這個辦法是要人們互相提醒在進行無可避免的危險作業時，該掌握哪些安全重點。剛開始那幾個月，我們的測試小組愛死了這套辦法，可是後來他們又恨死了它，因為它列舉的都是別人的危險作業——根本沒有針對自己所面臨的危險作業提出自己的看法。換言之，我們一開始就沒能提出一個足以引起眾人好奇和有待解決的問題。我們打從一開始就直接搬出別人給的答案。

　　到了第二年，我們捨棄杜邦公司的辦法，找來一群全職的內部工安專家，我們稱他們為「工安改革代表」，請他們為整個組織定義何謂危險作業。結果我們又犯了第二個錯。我本來以為由內部來做這件事，便等於是完全遵照世界咖啡館的原則，因為世界咖啡館的前提之一是，人們本身就具備足夠的智慧。但事實上，我們所創造的這個小型團隊在功能上，仍像外聘專家或管理委員會一樣。當時我們沒有警覺到世界咖啡館的另一個重要原則：鼓勵大家踴躍貢獻己見。

　　於是我們又改變方法。我們開始捫心自問：如果我們要向那些本來就會在對話中討論工作問題的人，請教如何改善工安這個問題，我們該怎麼問呢？我們沒有靠舉辦世界咖啡館這個活動來提出這些問題。事實上，我們從來沒有實際設計或舉辦過任何一場正式的世界咖啡館。我們的想法是，公司裡本來就存在著一種隱形的「HP咖啡館」（現有的人際關係網絡），我們只需要向「咖啡館」裡的人點出重大的工安問題——這樣一來，他們就會把這個問題加入已然形成的對話網絡裡。

　　我們一開始是先到人們平常聚會的地方拜會——譬如員工會議、生產線和工廠。我們先讓他們看當地工廠的工安記錄，然後再把我第一次

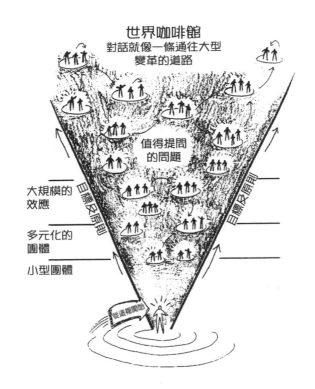

參加世界咖啡館時，華妮塔所分享的漏斗圖拿給他們看。總計有好幾千人看過那張幻燈片！此舉有助於他們清楚理解世界咖啡館的運轉模式，大家開始競相討論大型系統裡的改革作業是如何真實上演。此外，也有助員工瞭解我們真的正在試圖改變，但不是靠只強調解決問題的訓練課程，而是相信可以靠員工之間的對話、人與人之間的關係，以及共通的智慧，來處理這些重大的工安問題。

所以我們一開始就問道：「如果你受傷，會是什麼原因造成的？」於是大家開始拿自己在工作上可能遭遇到的危險來回答這個問題。然後我們又問道：「你希望能在人們受到傷害之前，先想出辦法管理好這些危險因子嗎？」他們的答案當然是肯定的。於是我們又提出最後一個問題：「很好！那你要用什麼方法來妥善管理這些危險因子？」這個時

候，我們不再給任何提示。我們只是邀請他們展開有意義的對話，而這場對話的主題是「我們不想在工作中受傷」。我們共同研究出一些方法——這是他們靠著自己的創意所想出來的工安管理辦法。最後我們說：「你們可以嘗試使用自己想出來的方法，然後不斷反問自己這些問題，從自己的經驗中去學習修正你的答案。」

在整個工安活動的發展過程中，我一直沒忘記組織裡的這些活動，正是在具現世界咖啡館的作業模式。我參加的每一場員工會議，都像坐進大型工安咖啡館裡（整個對話網絡）的其中一張咖啡桌。公司裡的每張辦公桌，在這些真正重要問題的串聯下結合了起來，就像真正的世界咖啡館活動一樣。

至於那群由全職工安專家所組成的團隊，則成了主持團。其中四、五個人開始在全球各地的重要據點之間展開「不斷換桌」式的對話，他們的經驗已經變得很豐富。我們開始和不同據點的員工分享旅途中的所見所聞。此外，我們也把全公司生產線上的員工找來相互學習。我們指導這場工安活動的同時，也在學習如何以對話作為核心企業流程，提升績效成果。

說到工安成果，舉個例子，在我們的努力之下，奧勒岡州科瓦利斯據點的工安事故率，從記錄上來看已經明顯降低——從6.2%降到1.2%。波多黎各則從4.1%降到0.2%，居於全球之冠。以全公司來說，總事故率大約降低百分之三十三。如今幾乎每個禮拜都有人提出問題，並反問自己：「我們要怎麼做才能像以前一樣安全處理這件事？」

即便已經成果斐然，我還是想提出一個重要問題供大家思考。這些年來，由於我和工安團隊的工作成果卓越，已經被獲派其他任務，結果工安事故率又開始出現回升，尤其是科瓦利斯這個據點，它現在的數值大約是2.5%——雖然還是比以前的6.2%改善了百分之五十以上，但卻不及波多黎各的表現，目前波多黎各在全球各地遙遙領先，工安事故率只有0.2%。

　　這兩個據點究竟有什麼不同？在波多黎各，和工安議題有關的內部對話系統仍然繼續運作，但科瓦利斯的對話則不若以往密集。這不免令我納悶：在這樣一個不斷動盪不安的世界裡，究竟要做到什麼程度的對話式領導，才能在重大議題上不斷看見成果？不管它涉及的是工安、品質、新產品的開發，抑或更大的格局……譬如生命能否在這個脆弱星球上永遠延續下去。

有生命的策略：共同發現未來：
美國品質協會

艾瑞恩‧渥德口述

保羅‧玻拉斯基和肯恩‧凱斯從旁補充

我們的角色是什麼？

　　我們為什麼在這裡？

　　　　我們要怎麼做，才能發揮最大的影響力？

　　這些似乎都是我們個人最在乎的問題。但如果說這些問題也是組織及相關利益者最重視的問題，那又代表什麼意義呢？這就是我們尋找 ASQ 的未來方向時，想靠一套「有生命的策略」所解開的謎底。我們的工作重心是要為 ASQ 及旗下社群，創造一則能同時說出共同抱負、未來方向和策略成果的動態故事。我們希望能藉由社群成員之間策略性對話網絡的不斷擴大，來創造一種流程，好讓這個故事可以不斷演化

在執行長保羅‧玻拉斯基（Paul Borawski）和義務性總裁肯恩‧凱斯（Ken Case）的領導下，美國品質協會（簡稱ASQ）正利用世界咖啡館的七點原則展開一種有趣的實驗，以便設計出一種探詢式系統。ASQ 是全球最大的品質協會，會員多達十三萬人，遍及六大洲、五十五個國家。社群開墾協會（Community Frontiers）的艾瑞恩‧渥德（Arian Ward）是一位先鋒人士，專門為各種會員制的學會和社群團體進行世界咖啡館的牽線工作。

下去。我們希望假以時日，這則動態的故事可以透過不斷的反思與意義建構過程，融入到組織結構裡。

　　會有這樣的新思維，是因為我們深信成功之所以不墜，絕非只靠良好的傳統規畫作業。誠如ASQ的執行長保羅・玻拉斯基所言：「我個人正在尋找一種辦法，希望能靠這種辦法，為董事會和會員的理智與情感作一結合。我正在尋找一種能發揚我們會員精神的方法，品質的意義不該只運用在工作上，也可以運用在整個大社會裡。」

　　第一次在會議中採用世界咖啡館的辦法（和董事會的策略規畫委員會合辦），真的是場冒險！這場為期兩天的會議，不像以前一樣按慣例拿出一份計畫書，反而是在幾個重大的策略性問題上作進一步的探索。「我猜若有人事前知道我們打算用咖啡館的方式來開會，他們可能會嘲笑我們，要我們別白忙了。」保羅回憶道，「但你真的應該看看咖啡館端出第一個問題時，會場上的氣氛有多熱絡！這次的集會等於讓ASQ在策略上全面翻新。委員會開始提出一些他們自認不該由他們回答的問題。有些問題需要董事會深入研究，有些問題則需要全體會員貢獻意見。而最後的結果是大家終於明白，我們需要更多的聲音，為這次集會所提出的重大策略問題找出答案。」

　　自從那次集會以及後續幾場策略性匯談之後，ASQ的策略性規畫流程已經演變成一種持續的探詢手法，從小眾團體（策略規畫委員會）一路蔓延到更大團體（董事會），甚至擴及其他相關利益者。ASQ董事會的成員和旗下會員如今都能主持咖啡館，討論重大的策略性問題，與會者可能是ASQ會員、前任會員、工作上需要用到品質工具的非專業人士、在組織裡必須槓桿運用品質的主管們，以及服務業的從業人員（只不過該產業尚未普及運用正式的品質工具）。以過去的咖啡館成果為基礎，所擬出的策略性問題和故事內容，可以幫忙連結對話網絡中所不斷形成的集體智慧。

　　靠著ASQ幕僚人員的幫忙（包括協調咖啡館活動，整理從咖啡館

收集來的意見回饋與集體智慧），這套辦法才得以在ASQ各地的會員當中，創造出「感應與回應」（sense and respond）的作業機制。越來越多的全球品質社群會員，利用咖啡館和其他形式的策略性匯談，去探索周遭環境的現存問題。他們為那些呼之欲出的議題和契機進行集體的意義建構（sense-making），再源源回饋給我們協會，這一點幫助很大。

ASQ總裁肯恩‧凱斯對於這個具有生命力的探詢系統它的創造過程，自有一番鮮活的說法：「這是一種不斷隨波蔓延的匯談。我們一直想提出正確的問題——這是一種藝術，也是一種科學。我們的目的是要讓人們深入探索，共同思考我們的角色是什麼，我們該怎麼做，我們要完成什麼。這些問題的提出，可以讓你看到漣漪效應。而且如果你觀察得夠仔細，你會發現到這些漣漪也會反彈回來：外面的會員也會提出很多意見，回饋給董事會。這就是這套辦法漂亮的地方。我們會聽到各種討論的聲音，這些都是我們以前參加ASQ董事會不曾聽到的聲音。」

ASQ的漣漪擴散式策略過程，是利用咖啡館的匯談方式，在最重要的問題上不斷擴大對話網絡。我們學到的是：真正的策略式領導，是以正確的問題來催生這些對話；主持各種匯談；以及協助組織釐清那些正在成形的見地與契機，據此展開必要的行動。要改變傳統的辦法，並不容易。保羅‧玻拉斯基說：「我們的轉型雖然還不夠成熟，還很脆弱，但已經開始。這中間最有趣的是，一個向來以機械式的運作傳統為基礎的社群，正轉型為一個有生命的系統思考。」而現在我們正透過這個途徑在尋找方法，試圖創造出有利組織作業的合作環境，希望能像某種有生命的系統一樣，在大家的齊心努力下，共同發展出我們的未來。

透視與觀察

　　我第一次見到艾倫‧韋伯（Alan Webber）本人，是在1995年一月。當時我站在我們家門口，歡迎他參加以智慧資本為主題的策略性匯

談，而那天傍晚過後，世界咖啡館就在我們家起居室正式誕生了。其實我對這位《哈佛商業評論》的前任總編輯兼《快速企業》（*Fast Company*）雜誌的未來共同創辦人並不陌生。艾倫其實並不知道，他可是我和大衛心目中的英雄之一。

　　兩年前，艾倫曾為《哈佛商業評論》寫過一篇文章，標題是「新經濟有什麼新奇之處？」（What's So New About the New Economy?）（1993, p. 28），他在文中指出，在新經濟裡，新想法和資訊是兩大交易貨幣，對話則是發明之母。他的說法不同於一般人的意見。他說企業價值不是靠新的科技平台來創造。他認為組織的創造與毀滅，是靠人類的對話，他們彼此學習、分享知識與經驗、創造各種改革與對策。艾倫堅決主張「在新經濟裡，最重要的工作就是創造對話」。他強調，主動促成合作環境、打造互信氛圍、展開真正對話、協助組織取得旗下成員們的集體智慧，這才是當今領導人的首要責任。我和大衛就是因為看到艾倫的文章，才會如此深信我們當初的思考方向並沒有錯，對話的確是我們在生活上和工作上的一股生生不息的力量。

　　雖然是艾倫為我們指出對話才是知識時代裡的真正命脈，但對話式領導這個字眼卻是由佛州的教育學家和咖啡館主持人卡洛琳・包德溫所自創，她利用這個字眼來說明，領導人可以把對話當成核心流程一樣，去找出有利創造企業和社會價值的集體智慧。然而即便到了今天，大部分的領導培育課程仍然不傳授對話式領導。我們要怎麼開始培養這種組織性基礎結構和個人領導能力？這些結構和能力，都是取得組織及社群集體智慧，和據此展開行動的必要條件。雖然我們對於對話式領導的瞭解仍不深，但根據書中的故事以及我們自己所做的一些研究來看，有一些初級領域非常值得我們探索，也歡迎你的指教。

> 我們要如何培養出可以取得及行使組織及社群中既有集體智慧的組織基礎結構及個人領導兩種能力？

故事

設計出有助匯談的組織基礎架構：
美國 Philip Morris 煙草公司

麥克‧西曼利克口述

　　我打從心裡認定自己是個建築師。如果你想把對話當成核心流程來使用，就得先設計出一些基礎架構，讓人們有機會可以輕鬆地共聚一堂，展開思考。靠個人領導技巧來主持一場偉大的對話，是一回事；打造出方便眾人合作的組織性基礎架構，讓他們找到共同智慧，又是另一回事。我發現到，即便是資質普通的人，若能有好的基礎架構作背後支柱，他們的成果表現絕對優於被迫置身於不良系統的一流人才。

> 麥克‧西曼利克是美國Philip Morris煙草公司的現任董事長兼執行長。目前他正積極領導公司迎接挑戰，配合社會期許，重新整合公司腳步，以利未來的開創。要帶領公司邁向美好未來，關鍵就在於你必須根據重大的策略性問題展開共同匯談。在這裡，麥克談到他是如何利用有助對話的基礎架構來引出組織裡的思想精華。

　　過去幾年來，我們做過許多事情，目的無非是要打造出有助於共同匯談和積極參與的基礎架構。在這些嘗試當中，有些看起來好像「打破了傳統」，但它們的確很管用。舉例來說，很早以前，我們就發明了一種以共同匯談和探詢為基礎的策略性流程，可適用於組織上下，取名為遊戲計畫（Game Plan）。這個流程的目的是要找出偉大的問題，也就是我們在打造未來時所必須面臨的核心問題；除此之外，也要創造出足以因應重大策略性問題的行動辦法。

　　我們常利用各種對話式結構和新穎的會議形式，來促進合作思考和創新對策。在這些大規模的變革當中，我們也陸續引進世界咖啡館對話、匯談圈、開放空間式的討論會、情境規畫、戶外經驗式學習法，甚至誇張的劇場表演方式，目的就是想在重大議題上，刺激出匯談的動作和創見性思維。我們也利用繪圖記錄和視覺語言，來幫忙與會者作系統性思考，方便他們連結彼此想法，找出其中疑慮。

　　因為引進了其他方便學習、匯談和分享知識的基礎架構，我們才得以創造出有利深入思考重大策略問題的組織空間。像定期召開的全天候資深團隊會議，和一年三次的異地會議，與跨部門團隊所展開的使命性目標對話，以及全體員工大會，全都有助於面對重大問題時催生出組織的集體智慧。網羅不同聲音的年輕領袖加入探索團隊，甚至張開雙臂，歡迎重要相關利益者加入我們，這些做法同樣能為重大的新興議題注入新的思維。

　　不久前，公司將總部辦公室從紐約市的摩天大樓，移到維吉尼亞州里奇蒙市（Richmond）一處樹木繁盛的園區裡。整棟建物是以鼓勵大家多做意見交流、營造有利合作的環境氛圍為設計原則。我們的資深團隊也為空間的設計提出了許多意見，他們希望這個工作場所可以讓人們自然聚在一起交談，因此我們在大廳裡放了一座大型吧台，佈置出一座咖啡館。只要進出這棟建物，都會經過這個喝咖啡的地方。一整天下來，常聽見有人說：「我們約在樓下喝咖啡好了。」我們刻意把需要合作的團隊集中在同一空間，並在各樓層闢建舒適的起居室。一樓還有圖書館，和專為咖啡館對話所設計的特殊會議室，內有寬廣的牆壁，可供與會團體為他們的「思考會議」做翔實的繪圖記錄。為了方便，我們進行遠距式對話，我們也準備了配有雙螢幕技術的特殊會議空間，這樣一來，我們不只能見到不同據點的同事，還能針對我們正在探索的問題或計畫，靈活運用各種視覺素材。大部分的辦公室都有很棒的窗景視野和自然採光。

　　誠如你所想像，這些不同於紐約的重大改變，已經讓組織上下獲益良多。如今員工們已經能跨越部門界線，攜手合作。在一些重大計畫上，我們更親眼看見各種思想、觀點的百家齊放。除此之外，定期和當地的相關利益者在新建物裡共同舉辦社區集會，也為我們帶來了全新不同的思維角度。

　　拜這些對話式基礎架構之賜，我們才有機會和我們的員工以及外面

的相關利益者共同發揮創意，思考煙草公司該以什麼作為來符合社會的期許。我相信參與共同匯談，再加上我們為了重整未來所展開的積極佈局，雖然不能馬上立竿見影，但久而久之，必定能鞏固我們在產業界的領導地位。

引出策略性問題

　　善於運用有力問題的技巧與結構，來帶動知識的分享、激發出策略性對話、促成行動上的結盟，這些都是重要的個人領導技巧。策略性問題可以創造前進的動力，可能帶來新的集體發現，除此之外，它也像「黏膠」一樣，可以緊緊凝聚重疊的對話網絡，使不同資源得以不斷結合，創造出更新更好的對策。誠如包柏・韋斯在惠普公司工安工作上所學到的心得：「人們之所以能化被動為主動，拿出可觀的成果表現，全是靠問題本身，再加上你要誘導他們去探索問題。主管們會問我：『怎麼可能光靠請教員工問題就有成果呢？我要的是答案，不是問題。』但我們發現到，這種方式的確能帶來豐碩的成果。因為這些成果就藏在個人關係、知識和共同關心的議題裡，只要人們針對問題展開對話，就能集中力量，找到自己的答案。」

　　尤其身處在變化無常的商業環境裡，另一個重要的領導契機就在於對話性基礎架構的打造——譬如美國Philip Morris煙草公司的遊戲計畫流程——它鼓勵各階層員工找出自己最重視的策略性問題。舉例來說，領導人若能帶頭問：有什麼問題如果經過深入探索，或許就能讓我們突破現況？這時候，人們的集體智慧往往能指出一條鮮少有人走過的路，讓你豁然開朗。

召集和主持學習型對話

　　在新的領導統御技巧裡，最重要的工作就是召集和主持各種集會，針對挑戰性議題展開正面匯談。誠如教育學家琳達・藍柏特（Linder Lambert）及其同仁們所指出：「主持對話，不是要你保持中立的角色，而是要你積極參與……領導人必須提出問題，召集眾人，請他們參與對話……『展開有意義的匯談』這句話的意思是創造出各種概念上的知識領域，以深化和轉換人們的思考。」

　　真正的對話能使團體思維更見深度，引出共同智慧。這種成果鮮少見於恐懼、懷疑和高壓控制的氛圍裡。當人類的心智完全投入重要問題的探索時，新的知識就會浮現。為了成功，領導人必須強化自己的匯談和探詢主持技巧。

　　主持人需要具備的能力包括：

- 創造出一種有利探索的氛圍。
- 不做任何倉促的定論。
- 探索潛藏其中的基礎前提與觀念。
- 仔細聆聽，看看能否聽出各種想法之間耐人尋味的關係。
- 鼓勵各種不同觀點的發揮。
- 清楚闡明會中的共識。

　　除此之外，還有其他有效的主持技巧，包括為更大的背景定調、確保環境空間給人賓至如歸的感覺、鼓勵大家踴躍貢獻己見，以及妥善處理分歧的意見。要贏得所有與會者信任，促進他們之間的合作，個人的誠信與價值觀是主持人與召集人樹立形象的重要關鍵。

引出各種不同的觀點

你常聽到領導人提出這個問題嗎？在這場對話中，還有誰的聲音沒被聽見？還有誰該到場卻沒來的？相信一定很少吧！然而若要學會對話式領導，一定要能變成主動為各種人和各種有趣的點子的連結者。就像世界咖啡館對話可以透過意見的交流和個人網絡的創造，編織出豐富的見地網絡一樣，身為對話式領導人的你，當然也要跨越傳統分界，召集策略性對話，從中挖掘出別出心裁的見地，持續打造新的學習網絡。誠如倫敦經濟學院（London School of Economics）的蓋瑞・哈默爾（Gary Hamel）所指出：「要作策略（strategizing），就得先創造出豐富的對話網絡，這個網絡會直接貫穿過去各自封閉的知識，以意想不到的結合方式創造出新的見地。」這表示你必須海納組織內部不同的聲音，包括常被人認為「還不夠資格」擠上資深領導班底的那群年輕小夥子的聲音。當然這也表示你得找外面的支持者展開學習型對話，包括顧客、供應商、非政府機構、社群成員，以及其他和公司利益相關的人。

> 你可以跨越傳統分界，召集策略性對話，從中挖掘出別出心裁的見地，打造新的聯合網絡。

肯定式探詢法

當今領導人若想尋求創新的機會，不能只把注意力擺在「表現欠佳」和「對策」上，而是要發掘和肯定「表現不俗的地方」以及「如何槓桿運用它的優點」。大衛・庫柏萊德及其凱斯西儲大學同仁所開發的肯定式探詢法（簡稱AI），是一套很有力的對話流程，側重的是以前未被發覺的知識、活力和能量。AI會激發出活潑的對話，直接點出組織表現優良之處，挖掘出不為人知的寶貴資產。由於AI強調的是今日已經存在的「渴望的未來」，所以領導人可以藉由對話網絡，去槓桿運用這些呼之欲出的可能優勢，而不是光忙著修補以前的錯誤。

　　這套組織改革法，能創造出一個互信和充滿契機的空間。雖然對那些以強調解決問題的領導人來說，AI不算是「正規」做法，但我們發現到，這種「換個角度」式的做法，才是對話式領導的核心所在，它能把組織或社群最好的一面帶出來。

培養共識

　　在今天這種錯綜複雜的環境裡，領導人正逐漸發現，其實他們最傲人的貢獻之一是概念式領導（conceptual leadership）——創造出共同的背景和架構，讓旗下團體能因這樣的背景和架構而一起深化或改變思維。我們會透過共同的語言、故事的分享以及共同喜歡的影像，來為我們的經驗創造意義。舉例來說，如果把組織想像成一個戰場，所有成員都要展開「先發制人的攻擊行動」，「大舉毀滅競爭對手」，這種想法所引發的後續行為，絕對不同於把組織視作為有力的對話和個人關係網絡所引發的行為，更何況這個有生命的組織有一部分是由內外部的重要相關利益者所組成——甚至包括你認為的「競爭對手」。除此之外，對話式領導人會花時間和心力，去架構出共同的語言，勾勒出各種令人嚮往的情境——未來的故事——這些都有助於打造組織對話的目的和方向。

　　培養共識的意思是，你要創造出對話性的基礎架構，讓大家有時間展開真正的聆聽、深入反思、創造共同意義。認真聆聽與集體反思，是創造建設性對話和組織成果共識的基礎。丹尼斯·山多（Dennis Sandow）和安妮·墨瑞·艾倫（Anne Murray Allen）曾和惠普公司的包柏·韋斯合作過，誠如他們所言：「因為我們之間有很多的共識，所以才能看見從社交系統裡源源湧出的知識與成果，這就好像你正在目不暇給地觀賞各種成功的音樂、戲劇或運動表演。」

尊重社交網絡，培育實作社群

　　要創造出永續價值，必須不怕挑戰各種問題和展開先進的實驗，但這其中有許多最具挑戰的問題，和最先進的實作練習，都是在意外情況下被找到的，可能是在衝鋒陷陣的工作火線上，可能是在行動的半途中，也可能是在每日的例行對話裡。只不過這種智慧常常被視而不見。大部分的領導人很少會去注意、尊重和利用這些早已融入私下對話、個人網絡、人際關係和實務作業裡的學習心得與知識成果。事實上，它們早已成為組織社交結構的一部分。

　　愛丁納・溫格（Etienne Wenger）在實作社群方面的研究上提供了許多方向，教我們如何從這些非正式的知識網絡裡，取得原本就存在的知識（Wenger, 1998; Wenger and others, 2002）。真正深謀遠慮的領導人會很小心翼翼，盡量不讓新的工作流程或重新設計的組織結構，去無端毀了人際關係網絡裡本來就存在的各種對話與知識。你可以提供私下的會議空間、專供企業內部分享知識的網際網路，或甚至設置知識服務員（knowledge stewards）一職，這種服務員會幫忙開發各種實作社群，促進專業人士之間的學習型對話。

重新思考人才的培訓方法

　　大部分的培訓課程不是把「學習和個人的努力有關」當作基礎前提，就是把訓練活動和工作火線上的實際作業完全切割。你也許還記得自己當年接受教育的模式，那時候的名言是：「專心聽老師講課，不要和隔壁同學說話。」但今天的組織和社群漸漸重視不間斷的學習與知識分享，因此對話式領導人都在重新思考培訓課程的真正意義。他們肯定學習的社會本質，因此在重新分配資源時，不再只重視傳統的訓練課程，反而支持實作社群的發展，並開始投資以同儕匯談為主的合作學習

計畫，並設置各種有利互動的科技性基礎設施來支援學習型對話，不再只是單純地儲存資料。

資助同步性科技

　　在企業內部網際網路和群組軟體這些科技的支援下，現在要讓分散各地的工作團體跨越時間和空間的阻隔，共同參與學習型對話和團隊計畫，都不再是件難事。隨著這些工具的日益普及，對話式領導的觸角也開始伸向線上對話，換言之，成員們可以隨時針對重大的策略議題和各種學習機會，提出質疑和發表意見。舉例來說，巴克曼實驗室（Buckman Laboratories）已經架設好全球化的企業內網際網路，名為K'Netix。它可以讓全球各地一百多個國家的員工，上線參與學習型對話，討論顧客需求與各種對策。使用者可以在任何地方、任何時間加入對話，而且有多種語言可以使用。這套系統會隨著問題的探索進度和對策的提出，而自動更新「知識線索」的內容。也因此，那些從來沒機會參與正式對話的遠地員工，往往更能一針見血地提出各種見地與專業知識。K'Netix已儼然成為該公司分享知識的對話神經中樞系統。

　　有了這類對話性基礎結構，再加上繪圖記錄和視覺繪圖等輔助性辦法，個人和團體終於有機會透過各種從未想見的管道，開始參與對話。對於它們的策略貢獻和用途持肯定態度的領導人，自然可以佔盡許多優勢。

設計出賓至如歸的場所和空間

　　誠如我們第四章所提到，知名的建築師克里斯多佛・亞歷山大曾指出，人類在生理上和心理上，都對環境空間有一種深層的渴望，他們所渴望的環境空間只有一句話可以形容：無法言傳的品質。那是一種有生

命的品質，感覺很圓滿、很舒服，任何人只要遇到了，馬上感覺得到，即便它難以形容。在多數主管的策略清單裡，一向不會把「設計或挑選出舒適的環境作為大家動腦集會的場所」列為優先要務。然而過去十年來，我們從世界咖啡館所得到的經驗，再加上麥克・西曼利克在本章所陳述的故事，都在在證明「創造一個在品質上無法言傳的實際空間」，對於那些想要刺激創新思考，和培養集體智慧的對話式領導人來說，是非常重要的。

共同形成未來

在這個充滿挑戰的年代裡，有許多棘手的經濟、社會和環保問題必須認真思考。也因此，懂得培養個人對話技巧，知道如何配合組織或社群需求，來設計和落實對話性基礎結構的領導人，就成了炙手可熱的人物。找出可能的對話方式，協助組織創造未來，妥善運用各種有利對話的流程、原則、工具和科技，這是每個人都要負起的責任。我們有很多機會，可以在生活上和工作上運用對話式領導的技巧。這是一套很有用的方法，組織和社群可以利用它來培養知識，壯大自己，也培養智慧，來確保子孫的永續未來。

問題的反思

你的組織是不是很重視對話式領導？把對話當成核心流程在運作？你得在哪些方面多下點工夫，才能讓組織重視這方面的事情？請試想以下幾點問題。

- 你的組織有多重視對話，有把它當成一種「正事」嗎？領導人和成員們在面對重要的相關利益者時，有很小心拿捏對話的原則與方法嗎？

- 當你必須召集或主持對話，討論重要的問題時，你對自己的角色有多重視？

- 在你的組織或社群裡，可以利用哪些經過正式的基礎結構、流程或工具，來展開建設性的對話和知識的分享？

- 你常在會議上利用各種事先安排好的機會，去展開共同匯談、意見交流和互動學習嗎？

- 你的工作空間或辦公場所有做什麼特殊設計，好讓員工可以私下互動，展開對話和互相學習嗎？

- 你有多少人才培訓預算，可用來資助私下的學習型對話和公司上下的知識分享作業？

第 12 章

我們這個時代的使命：
創造一種匯談的文化

對話是新式探詢法的核心，它可能是我們人類在處理眼前挑戰時，所能派上用場的最佳利器。要參與偉大的文明化過程，就得點出最重要的問題。我們沒有本錢把時間浪費在那些無法引起我們注意，或無法產生感動的事情上。對話的文化是全然不同的文化，對世界的未來有舉足輕重的影響。

未來學會（Institute for the Future）的《好友當道》
（*In Good Company: Innovation at the Intersection of*
Technology and Sustainability）

要是今天開始的對話真可以創造及擴散出新的可能性呢？

用心是什麼意思？
透過匯談，創造一種學習的文化：新加坡

莎曼珊・陳口述

莎曼珊・陳是哈佛大學甘迺迪政府學院（Kennedy School of Government）的研究員，專門研究教育方面的領導議題。離開新加坡長達三年的她，如今帶著家人返國，目的是為了研究世界咖啡館是否能幫助新加坡完成使命，成為一個「學習型國家」。莎曼珊的故事證明了世界咖啡館的確有助全球各地發展匯談文化。

1965年，新加坡正式脫離馬來西亞，當時沒有人相信她能熬得過去。我們只是一座小島，沒有天然資源，只有一個深水港和四百二十萬名居民所集合起來的智慧，如此而已。我們奇蹟式地熬了過來，更奇蹟式地繁榮茁壯。我們有一個很棒、很強的政府。但我們的進步發展也因此付出代價。曾幫助我們度過最艱困時期的那種魄力作為、權威式領導核心，如今竟成為我們想要轉型成為學習型國家的一大包袱，我們多希望這個國家能以創業、革新及創意見長。新加坡詩人Koh Buck Song曾在「拉浪長草的香味」這首詩中抒發過心情，他說「可惜勞力付出的味道太濃，掩蓋了所有令人驚奇的滋味」。

身為小老百姓的我們，總是靠「位階更高的人」來幫我們解決問題。也因此曾在政府機關任職過的我不免好奇，我們該如何在掌權人士和社會裡的其他聲音之間搭起一座學習的橋樑，讓新的東西可以浮現？要改變舊制，不是件容易的事——即便大家都說他們很想改變。我到國外深造之後，才覺悟到這一點，我花了很多時間從各個角度去看這個世界。

當我得知MIT史隆學院組織學習中心（Organizational Learning Center）的共同創辦人丹尼爾・金（Daniel Kim）和他的夥伴黛安・寇瑞（Diane Cory）已經把世界咖啡館引進新加坡時，我的心中仍滿佈疑問。要政府各單位和各大機構的領導人瞭解學習型組織的原則，並參與

實作練習，只算是一個工程的一小部分而已。當我告訴華妮塔，我想回國一個月時，她隨即問我，想不想搞清楚世界咖啡館在新加坡的運作狀況。就在我啟程的前一天，華妮塔用電子郵件通知了幾位和咖啡館素有淵源的重要人士我即將返國，希望能學習更多有關世界咖啡館的新知。

結果你猜怎麼著？我一回到新加坡，電子信箱已經塞爆各方人馬的來信──有人民協會（the People's Association）、警察局（the Police Department）、資訊傳播發展管理局（the InfoComm Development Authority）、住宅開發局（the Housing Development Board）、人力資源部（the Ministry of Manpower）以及與當地學校合作共事的人士。他們全都想和我碰面，談談他們的咖啡館經驗。我真的很訝異！席拉・丹馬達蘭（Sheila Damodaran）是新加坡警隊組織學習單位（Organizational Learning Unit）的成員之一，她幾乎參加了我所有的一對一會議，並且還提議為新加坡的世界咖啡館主持人及學習型組織實作者網絡（Learning Organization Practitioners' Network）的成員們，籌組一個社群咖啡館，她會擔任這個社群的共同主席。因此我要在這裡和大家分享我從這次咖啡館之旅所發現到的一些心得。當然全部的內容不僅止於此，但應該可以讓你們大概知道我們國家的現況。

●為各個世代搭起橋樑

艾瑞克・魏（Eric Wee）是淡馬錫理工學院（Tamasek Polytechnic）教系統思考的講師，他的學生都是十七歲的年輕人。他要他們分組運用系統思考的方法來探討一些像青少年懷孕、吸菸等問題。然後他找來政策制定者、課程創辦人（譬如全國青年會〔the National Youth Council〕、父職中心〔the Center for Fathering〕和衛生部〔the Ministry of Health〕）和學生們一起參加咖啡館。學生們三人為一組在咖啡桌上擔任主持人，討論他們之前所研究的議題。至於成年人則在各回合的對話中不斷更換桌次座位。學生們會提出他們對這些問題的系統分析結果

——譬如，青少年為什麼愛吸菸？成年人則提出問題，與青少年們展開深入的對話。過去，學生一向被刻板認為(1)他們對這些問題不懂，想得不夠遠；(2)他們害怕和成年人交談。但在咖啡館的對話裡，這些年輕學子都和成年人站在同樣的立足點上。等到咖啡館快接近尾聲時，大家的共同心聲是，父母和孩子真的都很想坐下來好好談談。結果來自父職中心的某位代表大受感動，當下決定要大規模地為父母和孩子們舉辦咖啡館對話。

●槍桿與鮮花

來自警隊的資深警官和低階警員一起參加咖啡館對話——不同階級的警察穿著制服，帶著配槍，一起坐在那一張張小桌子旁，鋪著格子布的桌上則放著插滿鮮花的花瓶。他們生平第一次專心聆聽彼此觀點，而討論的主題是如果警車上架設最新式的電腦追蹤系統，對街上巡警有何幫助？咖啡館結束後，資深警官說道：「我們現在終於明白，不管我們的點子多棒，還是需要來自基層警員的協助，才能讓警力真正動起來。」至於低階警員也意識到，這些高階警官不是那麼獨裁，他們也很關心基層警員的福祉。警察局決定把咖啡館的辦法運用在一年一度的整體規畫作業上，以便在過程中聽見更多聲音的對話。

●透過匯談，培養社群

新加坡人民協會透過全國社群領導學會（National Community Leadership Institute，簡稱NACLI）的安排，決定將世界咖啡館併入到當地文化裡，他們利用一種改良式的咖啡館辦法，在政府代表和民間領袖之間展開P2P（是指民對民〔People to People〕）的對話，並取名為知識咖啡店（Knowledge Kopitiam）。Kopitiams是新加坡境內常見的傳統咖啡店，專門提供當地的一些特殊小吃。這種店自早期移民以來，就是當地人閒嗑牙的聚會場所。NACLI在第一次開辦知識咖啡店的時候，

就刻意把會場佈置得很有傳統咖啡店的味道，而那天的主題是「在新經濟時代下，創造一個積極主動的社群」。他們稱這種咖啡店辦法為「知識旅行的過程」（knowledge-traveling process）。NACLI的雜誌《Kopitalk》透過文字的傳播來說明這種「新／舊」一線間的方法，讓大家知道如何針對重大議題展開真正對話，於是咖啡店的觀念開始傳播開來。在參加過NACLI的知識咖啡店之後，當時仍在資訊傳播科技部擔任國會資深秘書的雅國（Yaacob Ibrahim）評論道：「今天我們要發動一場革命，但不是反政府的革命，而是要重新開發自己……這種人民對人民，或者說P2P的對話討論方式，將是我們人民凝聚力量、形成見識的重要元素。我很高興NACLI已經捕捉到這種匯談的精神，重新打造出有利組成民間論壇的方法。」

●無往不利的咖啡館

　　知識咖啡店的概念已經開始傳播到其他政府單位和各大機構裡。組織學習型社群的成員們發現到，主持咖啡館對他們來說並不難，他們可以隨時運用它來解決組織內部所遭遇的重大問題。國防部利用咖啡館匯談來探索「我們該如何擴展軍事目的，把它從威嚇作用轉變成國家建設」？住宅發展局為了配合自己的整體目標之一（成為學習型組織），也開始在新進公務員的職前介紹課程裡加進咖啡館對話，以便給新進公務員足夠時間和空間，去談談自己的抱負、理想和疑慮。各校也針對「如果我們的國家需要變革，那麼我們應該在課程上如何因應？」這個問題，在教職員之間展開咖啡館匯談。資訊傳播發展局和人力資源部也競相採用知識咖啡店的做法，來檢討旗下部門該用什麼方法展開互相學習，凝聚力量，為新加坡打造出以創意和創新見長的文化。

●用心是什麼意思？

　　對我而言，最令人驚豔的一些咖啡館心得，幾乎都是在行程接近尾聲時才冒出來。當時來自警察單位的席拉以及住宅發展局的艾薇・黃（Ivy Ooi）和安東尼・林（Anthony Lim），為世界咖啡館主持人和學習型組織實作者網絡裡的成員舉辦了一場社群集會。當時竟然有近七十名與會者現身，這著實令我驚訝！於是我們決定在咖啡館裡提出這個問題：「用心是什麼意思？」

　　那天下午發生許多事，但那些事情也在在證明了世界咖啡館對新加坡的匯談文化是有貢獻的──它完全呼應了我們人民希望跨越階級界線，展開真正對話的那股渴望。舉例來說，咖啡館裡有位婦人穿得很樸素，看起來和現場完全不搭調，不過我知道她是受邀來的。如果真要我形容，我會說她給人感覺很像是個倒茶水的──就是那種常隱身在我們周遭社會裡的基層服務人員。可是就在咖啡館的全體對話即將進入尾聲時，她鼓起勇氣站起來，輕聲但堅定地說道，「你們知道嗎？最重要的是你們要給人用心的感覺，只要當人們用心的時候，人生才不算白活。」整個會場因為她對人性的一語道破而陷入沉默。她的話字字珠璣，直指整個國家的問題核心──我們的功利主義心態，有時候真讓人覺得好像是一堆惠而不實的玩意兒──根本沒有靈魂和生命。我當下很受感動。每個人都受到感動。我知道在那次的會議裡，許多政策會因她的一席話而改變。而我也在那個當下有了改變。

　　我認為新加坡的咖啡館對話讓大家意外學到的一課是：它為各階級之間，也為過去與未來之間，搭起了一座建設性的橋樑。這是一個國家級的議題，我們都想大力提倡創業精神、創造力和革新力。我們都在努力學習如何創造環境，以便重新界定與權威當局的關係。然而要這麼做，就得先和權威當局合作才行！這是很矛盾的事。

　　我們喜歡新加坡的結構。我們發現到，世界咖啡館也提供了一個很清楚的結構。我們像廚師喜歡用一只很大的攪拌碗，將各種食材原料放

進去，發明出新的菜色。此外，我也一直想試圖瞭解，為什麼咖啡館匯談能在新加坡這種多元種族的亞洲文化國家裡運作得這麼好。原來咖啡館提供的是一個不拘形式、令人完全放鬆的環境空間，它歡迎各種多元化差異，也駕馭得了這些差異，並同時讓我們看見我們之間的共通性。這一切都讓我對授權的意義有了新的見地——在跨越原本阻隔我們的界線之後，新的結合開始出現，同儕之間的關係開始建立，權力也開始向下紮根茁壯。

　　世界咖啡館可能代表另一種形式的行動主義嗎？譬如精神上的行動主義？它不是一種反權威結構的行動主義，它只是支持我們心所嚮往的那個世界。這是一種人性主義式的行動主義，因為在咖啡館裡，你會積極回應一個共通的問題，並且在出於使命感的情況下回應那個問題，不管你的個人立場是什麼。基本上，這個過程是值得尊敬的——這是一種親行動主義（pro-activism）的形式，而非反行動主義（re-activism）。這是我希望在新加坡看到的——大家主動攜手合作，共同打拼未來——透過匯談，彼此協助，就像過去一樣，從沉睡中甦醒……集體努力，打造我們的未來。

　　我為世界咖啡館在新加坡的成就感到驕傲，尤其因為我看到大家的用心。我也感受到許多新加坡人的心聲，因為他們的努力，我才有機會在這裡說出這個故事。我再次不可自拔地愛上我的國家。看到咖啡館對話在各地進展神速，我終於明白，我們這個小國家除了理性、實際、講究邏輯和成果導向之外，其實也有熱情和靈魂，而且還在亞洲和全球的未來走向上，扮演重要的角色。這種對話的觀念——一起交談，達成共識，跨越階級，共創意義——都是必須要做的事，也是它的潛能所在。世界咖啡館正以實際的方式在貫徹這個觀念，協助這個國家邁向未來。

　　在我提筆寫匯談文化這篇文章的前一天晚上，我參加了在加州雷斯岬站（PointReyes Station）一個小社區所舉辦的咖啡館集會，與會者有拉丁裔和北歐裔的家長、老師、學童以及當地居民。這個社區坐落在湯瑪麗灣（Tomales Bay）的頂端，一個瀕臨絕種的原始生態區，只離南邊的舊金山一小時半的車程。這個鄉下地方是一群多元化居民的故鄉，包括養殖牡蠣的人家、大型牧牛場的經營者、專做有機農業和乳製品的農場主人、環保主義激進分子、逃離都市科技的隱士、藝術家和作家，以及農場的工人、護理人員、園丁和一些店家老闆。大部分的人都來自於墨西哥。這群利益相關的居民常常爭吵不休。包括教育在內的各種地方議題，都能成為他們激烈爭吵的導火線。

　　我和大衛過去十年來有一半時間住在這裡，而且很可能會在此度過晚年。前陣子，當地衛斯瑪麗學校（West Marin School）的一群媽媽來找大衛主持世界咖啡館匯談，題目是：「對社區裡的年輕學子來說，最理想的教育環境是什麼？」這場集會一開始就像個大型的雙語和雙文化活動，因為所有廣告和會議本身，都必須同時用上西班牙文和英文。社區裡所有的人，不管是不是為人家長，都在受邀之列。甚至還首度邀請學童加入對話，探討他們的未來教育。

　　結果有一百多名社區居民現身會場，這對這個小社區來說稱得上是一場大型會議。隨著咖啡館的展開，我和大衛都不約而同地被現場令人意外的契合氛圍給感動莫名。在其中一張咖啡桌上，有一位務農的拉丁裔家長，隔壁坐一位九歲男童，再隔壁是男童的父親，頭上紮著馬尾，還有一位參選過鎮長的當地承包商。至於另一張咖啡桌，則坐著一位老師、一名十二歲的女童、附近地區電台的協調聯絡人以及一位環保激進分子。所有與會者都全神貫注地同步思考，身為社區一份子的他們，究竟該如何為年輕孩子們創造一個更優質的學習環境？

　　等到咖啡館的全體對話接近尾聲時，這群原本來自不同世界的與會者突然發現到，其實他們對社區裡的孩子所寄託的希望與夢想是大同小異的。他們終於知道，在一些地方爭端的背後，其實還潛藏著一種渴望……渴望真正的團結、渴望個人關係的建立、渴望好的構想、渴望全體投入公益行動。有人開口說道：「我覺得我們應該組織一個家長教師聯誼會（Parent-Teachers Association，簡稱PTA）。」另一個人則跳出來問道：「何不組成家長—教師—學童聯誼會呢？」現場與會者一聽見這個構想，全都鼓掌叫好。

　　也許你會問：「有什麼好感動的？你怎麼能把一場在北加州小鎮由百來位居民所參加的咖啡館，拿來和為整個大環境創造匯談的文化這種『偉大的問題』相提並論呢？」但我和大衛都相信，就是這種小地方上的故事點醒了我們時代在召喚什麼。這個召喚就是要我們主動跨出那些被憑空想像出來，阻隔我們之間的疆界。這樣一來，才有可能解決我們家庭、各種組織、地方社群、國家社會，甚或整個地球所面臨的各式挑戰。

時代對我們的召喚

　　讓我們面對現實吧！我們所面臨的挑戰，範圍太廣，而且錯綜糾葛，在在威脅我們人類物種以及整個脆弱生物圈的存亡。自然環境的惡化、氣候的改變、失業率的攀升、窮人的教育問題、都市暴力橫生，以及其他國內或國與國之間因貧富差距所衍生的各式問題，都是「試圖喚醒世人的一種召喚」。這些問題因軍事野火的蔓延、大規模毀滅性武器的隨手可得，以及全球經濟的過度競爭而越演越烈。

　　我們痛苦地漸漸體會到，我們嚴重忽略了生活中屬於靈性、道德和生態的那一面，所以它們才會開始反撲，用各種出其不意的結果團團包圍我們。也許最嚴重的問題是

> 我們所面臨的挑戰，範圍太廣，而且錯綜糾葛。

> 真正的對話是我們人類
> 共同思考的一種方法。

「我們」被迫和所謂的「非我族類」區隔開來。在面對所謂的宗教或政治信仰、文化價值和個人生活方式時,只見有人不斷製造裂縫,沒有人搭建橋樑,而且這個趨勢日益明顯。

　　但問題是身處在這樣一個共生互連的脆弱世界裡,沒有任何一個人可以置身事外,這一點毋庸置疑。不管你屬於這個系統的哪個層面——小自於我們的家庭,大至於全球社群——都有責任挺身而出,共同打造一條通往未來的路,並在這條路上妥善運用我們之間本來就存在的矛盾立場和差異性,如此一來,才能更有創意,更面面俱到,和更有智慧地因應眼前的挑戰。

　　這個時代所面臨的問題是:怎麼做才能辦到?哲學家雅各‧尼德曼(Jacob Needleman)曾問道:「我們該如何聚在一起思考和聆聽彼此,才能得到或感應到我們要的那個大智慧……我們需要好好思考這些問題。因此,我們必須再回到這個問題上:我們要怎麼架構共同思考的方式?」對於尼德曼先生的質問,我們的回答是,我們要時時提醒自己和別人,真正的對話是我們人類共同思考的一種方法。自從磐古開天以來,我們的老祖宗就會圍著火堆商議要事,解決爭端,從困境中想出生存之道。

　　「商議」可以說是對話裡用來集中共同思考的一種最早結構。本書所列舉的世界咖啡館故事,也是另一種有利眾人共同思考的對話結構——這個結構是根據簡單的設計原則,可以讓我們在思考上更周延、更容易接納不同觀點,甚至跨越傳統界線,創造出可行動的知識。不管你是在某加州小鎮裡探索當地教育的未來走向,在瑞典參加不同利益團體所合辦的永續論壇,在加拿大的法學院裡辯證和平與戰爭,為以色列境內的阿拉伯人和猶太人消弭爭端,將病人與醫生的心聲納入某製藥公司的策略裡,改善佛州的辦學績效,降低惠普公司的工安風險,還是在新加坡為各組織階級搭起橋樑,世界咖啡館都是一種很好用的對話流程和

模式，可以讓你順利取得更大的智慧，展開共同行動。

一個處處是機會的年代

　　就在我們越來越需要共同思考與和解共生時，還好有各種別出心裁的匯談和參與方法不斷冒出頭來。肯定式探詢法（Cooperrider and others, 2003）、開放空間法（Owen, 1997）、未來探索法（Weisbord and Janoff, 2000）和對話圈實作法（Baldwin , 1994），再加上其他各種有利打造未來的辦法（Bunker and Alban, 1997; Holman and Devane, 1999），都有各自的貢獻。除此之外，還有許多可協助公眾面對面會商和參與的電腦輔助辦法也都趁勢興起（Atlee, 2003）。像對話咖啡館、平民咖啡館、美國大家談、四方觀點（From the Four Directions）、公共對話研究計畫、改革先鋒會（the Pioneers of Change）、全國匯談審議聯盟（the National Coalition for Dialogue and Deliberation）和費傑學會的集體智慧行動辦法（Collective Wisdom Initiative），都很強調匯談過程，它們證明了我們有希望取得除了正反立場以外的那個更大智慧——不管是公領域上、教育議題上、衛生保健上、政府機關，還是整個地球村。這些有趣的辦法，讓過去許多持反對聲音的激進分子，也開始經驗到一種更深層的智慧，這種智慧來自於我們對系統思考和所有生命共同體的共識與理解。這種種發現正逐步帶領我們認清這個世界沒有所謂「非我族類」這種東西。在共同智慧學會（Co-Intelligence Institute）創辦人湯姆・艾特里的口中，我們全成了「社會過程的行動主義者」（social process activists），我們的視野已經超脫左、右派的對立立場。強調過程的行動主義（process activism）重視的是我們該如何共同參與一些關鍵議題，而不是我們各自擁有的立場。

　　為了公眾的福祉，社會過程行動主義者會想盡辦法結合不同觀點，作為共同智慧的資源，他們會運用各種匯談和會商辦法，設法找出那個

更完整周延的大智慧。這種主動出擊，強調互動的態度，完全不同於現今常見的漫罵文化，後者是以魔鬼化和醜化「對方」為目的。

除此之外，還有另一個意想不到的資源也開始動了起來，協助我們創造主動的匯談文化。通信傳播技術，過去曾在某種程度上害我們與大自然的節奏脫節，阻斷人與人之間的關係，但如今竟以從未想見的方式，將我們的集體困境無以遁形地公開在世人面前。大眾傳播媒體再加上網際網路，以及其他以網站為基礎的科技工具，現在的我們已經可以讓全世界在瞬息之間，同時看見半個地球以外的年輕軍人被殺的場面，以及老弱婦孺肢殘的畫面。

人類最特殊的能力是我們會自我反省──我們會退後一步，反問自己：「為什麼會發生這種事？難道沒有更好的辦法嗎？」事實上，意識的英文consciousness是從con-scire衍生而來，意思是「共同察覺」。我們的共同察覺能力拜當今電子網路密集運用之所賜，而被磨得更銳利，這些電子網路不斷催生出更多的對話網絡，討論我們到底要什麼樣的未來，不只在地方社群、組織裡討論，也在我們的共同發源地──這個地球村裡展開討論。世界咖啡館就像一種網絡式對話，只不過規模小了一點，我們可以利用它來針對我們真正關心的問題，集結智慧，共同打造我們的未來。

誠如彼得‧羅素（Peter Russell）所指出，我們的「地球智慧」（global brain）正在甦醒當中，其生命潛能無可限量。靠著線上結合的力量，各種市民的行動網絡和非政府機構組織，如雨後春筍般出現，也間接幫忙了數百萬人彼此連結，包括地方上的連結，以及跨越地理、宗教、階級、文化界線的連結，於是可以共同找出足以大步向前的創新之路。在企業的世界裡，顧客們會在線上互相討論某公司的商業道德、產品和服務如何又如何……猶如掀起一場革命，就某方面來說，很像是企業與相關利益者之間的對壘交鋒。

或許暢銷書《破繭而出》（*The Cluetrain Manifesto: The End of*

Business as Usual）的作者雷克・李文（Rick Levine）及其他共同執筆人對於這一點有更傳神的描述，他說：「重點是人類真正的聲音已因網際網路的出現而再度被聽見……在這場對話裡，有上百萬條脈絡穿梭其中，但起頭的這一端和結尾的那一端竟只是一個人而已……這不是世界末日，這是全新世界的開始。」

　　放眼小鎮、放眼各部門、放眼整個世界，我們現在終於知道「Si, se puede!」這句話是凱薩・查維斯常掛在嘴邊的話，也是我們年輕時參與農工運動常聽到的話，意思是「我們一定辦得到！」

一個處處是選擇的時代

　　只不過當我們放眼今天的挑戰時，問題仍然存在，而這個問題就是：既然知道眼前機會是什麼，那我們應該如何發展一種全球性的文化，讓世人（包括我們的國家領袖和國際領袖在內）懂得以匯談和會商的方法為優先去處理爭端，像人類大家庭一樣共同生活，而不是彼此怨恨，訴諸暴力。中文的「危機」帶有「危險」和「機會」這兩種含義，這也是我們目前的生活寫照，因為未來就在我們的方寸拿捏之間。雖然我們有機會也有工具去展開建設性的改革，但這不保證我們會理智運用它們。

　　生物學家馬圖拉納在他的書中提醒我們：「我們在對話中勾勒出什麼世界，我們就在其中生活，所以人類仍然存在。而如果我們就是現在這樣的物種，這個世界最終將毀滅我們。」誠如馬圖拉納所言，要是你很明白你每天和配偶、孩子、朋友或同事之間的對話所透露的含意及選擇，可能有利於整個人類福祉，也可能將這一切推向毀滅邊緣，那你會怎麼改變呢？如果別人也能懂這個道理，他們又會怎麼改變呢？又如果你有門路可以取得簡單的工具、流程和結構，針對你所重視的問題（抑或組織或社群

> 不管我們在對話中勾勒出什麼世界，我們都能在裡頭過活。

所重視的問題）主持和召開幾場尊重生命的對話，那你會怎麼做呢？

誠如我們先前所言，建築師兼哲學家克里斯多佛‧亞歷山大的思想曾深深影響了我們，讓我們對人類社會是如何產生大規模的變革有了另一番見地。他指出，包括人類在內的所有生命系統，都是由各種不同規模的整體所組成——從個人到家庭，一直到各種複雜的組織、城鎮、都會，以至於所有社會。他認為生命品質的提升，不是來自於偉大的計畫或權威當局的勒令，而是來自於一些小地方的合作行動，這些行動都是

大規模的改革

多種團體

小團體

真正重要的對話

共同演化出我們的未來

基於對生命的尊重，各種層面的尊重——譬如參與真正重要的對話這種事。「每一個行動都是在為某種龐大但老化的『整體』進行修補工作，」亞歷山大解釋道，「但這種修補不是真的只是修修補補而已，它也會修飾、轉化它、將它導入正軌，讓它浴火重生，煥然一新。」他告訴我們，在任何一種生命系統裡，都有許多這種微不足道的轉化作業正在進行，假以時日，它們的效應終會擴散，徹底轉化整個系統的本質。

也許真的就是這麼簡單……只要我們發揮自己的力量，響應時代對我們的召喚，不必在乎自己有多少影響力，努力推動真實敢言的對話……因為你知道這個世界上有越來越多的人和你一樣，在運用他們的影響力去做同樣的事情……你察覺得到在某種深度層面上，所有這些對話，所有的組織創新，已經儼然結合成一股強大的生命力，身為人類的我們為了共同的未來，現在就有機會可以取得它。

邀你一起加入社群

我也要邀你加入這場信心之旅。但要先請你想像一下，我們真的有力量改變這一切，只要我們勇於在生活上和工作上，去推動對話、社群和一致的行動。我真的相信，只要我們能幫忙改變集體對話對一件事情的看法，就有機會影響那件事的未來，不管那件事所牽扯的層面是大是小。且讓我們共同期許我們的未來是懂得尊重生命的，但要創造這樣的孕育環境，不能只是抱著觀賽心情袖手旁觀，你必須投入其中，就像在做你最重視的事情一樣。

澳洲的原住民文化有一種信仰。他們相信這世上有一首完整的生命之歌，每個人都有自己必須負責吟唱的「歌詞」，這首歌才會顯出它的圓滿與悠揚之美。就是這種生命之歌的精神，讓我們在進行世界咖啡館和其他生生不息的對話時，有了真正的歸屬。

至於加入的方法也很多。你可以在自己的生活和工作上，實地實驗

咖啡館對話，然後把心得發現或疑問寄到世界咖啡館的電子信箱。世界咖啡館的探詢和實作社群會悉數收集各地來函，與你們展開共同的學習。請上世界咖啡館網站，聽聽最新的咖啡館消息和「世界咖啡館的聲音」。只要靠主持、召開及參與這些和真正重要問題有關的對話，我們才有可能共創匯談的文化，開發出必要的集體智慧，為後代子孫的未來創造希望。

　　我想用我的好友南西‧瑪格里斯所寫的詩來總結這些心情，她同時也是我的同事及世界咖啡館的創意合夥人。我作為你的主持人，自然也希望你能從這次的書中之旅，體會到她詩中所表達的精神。

在世界咖啡館裡……

在世界咖啡館裡
相信力量
來自於你我之間
充滿豐富的影像與思維
為我們的生命帶來意義

你的話語
一直在我腦海裡迴盪
就像問題找到了答案

注意到
這恆古不變之道
對話使我們找到意義
跨越虛構的界線，彼此連結

我送出聆聽這份禮物
我提問，卻發現收穫大於我所知

意義從我們已知和未知的共識裡呼之欲出

成了
有自知能力的更大自我
我們攜手同心，共創出一個值得活下去的未來

問題的反思

• 有什麼問題是你個人認為和你的家庭、工作環境、社群、教會或你生活的某部分息息相關的。這個問題若能找別人一起好好探索，或許能改變這件事的未來。

• 你還會找誰來一起探索這個問題？

• 你會怎麼運用咖啡館對話的原則（不管你有沒有採用咖啡館的形式）來確保這場對話的品質？

• 從你主持和召開這些和你生活息息相關的重要對話所學到的經驗來看，你的下一步動作會是什麼？

結語

我們該如何坐下來好好談？

執筆人：安妮・道修

對於安妮・道修博士，我們由衷感激與佩服。八十高齡的她，一直是世界咖啡館和全球其他匯談行動辦法的指引者、心靈導師和靈感來源。身為全國青年網絡（the National Network for Youth）開發功臣之一的安妮，曾獲加州議會頒發加州政壇傑出女性獎（California Woman-in-Government Award），肯定她多年來在公共服務領域上的付出。最近，她更成為關係發展學會（Institute for Relational Development）的共同創辦人和阿希蘭德研究院（Ashland Institute）的元老。在此，安妮將與我們分享她畢生在匯談領域中所不斷探索的問題，以及我們共同未來的前途何在。

　　在2002年的世界咖啡館盛會上，大衛・伊薩克介紹我的時候，說我是世界咖啡館的元老，也是世界咖啡館的「精神守護者」。他問我為什麼還是這麼老驥伏櫪地積極參與和支持世界咖啡館？我像平常一樣沉默以對，但就在那個當下，我發現我的思緒回到很久很久以前……我出生在英格蘭的東北海岸，那裡是維京人和威爾斯人祖先的發源地。當時我是大英帝國的末代子民，爾後更在大英國協體制下初長成青春少女。就在我十幾歲那年，第一次世界大戰爆發，我對那場戰爭大惑不解，我看見許多男人因傷返鄉——有的少了腿、有的呼吸困難——還有很多戰死沙場。我們怎麼會做出這種事？我不禁納悶。為什麼我們不能坐下來好好談呢？

　　後來我開始研究各種可以終止戰爭的休戰條件，這才明白國家與國家之間若是缺乏足以持續下去的真正對話，難保不會再起任何衝突。我當下決定，等我長大之後，我一定要研究各種方法，讓同樣的錯誤不再發生。哪裡知道和平沒盼到，卻又碰上第二次世界大戰。我在英國皇家空軍待了將近五年，當時的目標使命很簡單：想辦法活下去，打敗納粹主義，終止大屠殺，保護世界的安全，讓民主生根。在戰爭期間，我失去朋友、同事、還有我的家。我在

歐洲遇到最慘痛的一次經驗是，我看見那些可以下床走動的猶太人被帶離營區，我趕緊問指揮官：「長官，我們怎麼會做出這種事？」他厲聲回我，當然不是我們做的，是他們做的。但我冥冥中知道，整個人類社群已經因為這些殘暴行為而分崩瓦解了。

我嫁給了一位美國軍人，1946年，我的人生在美國重新開始。我以社群心理學家這個角色在第二祖國裡服務近六十年，包括為年輕人和風險社區開辦各種服務。後來我也和當地政府、州政府以及聯邦政府合作，共同擬定符合公平正義原則的法律、籌募基金、舉辦各種創意活動。每當我在西裔居民社區、貧民區、沙灘上或保留區，和一群憤世嫉俗的年輕人坐在一塊時，我的腦海總是不斷迴盪著一個問題：我們怎麼會做出這種事？為什麼我們不能坐下來談呢？

我不斷省思和研究這個問題，終於明白任何一種社會變革過程，就我所知一開始都會先私下展開對話，對話的人有男有女（有年輕有年長），「他們的聲音都會被聽見」，他們彼此分享希望與夢想，他們想為自己所在乎的事情有番作為。因為他們的挺身而出，因為他們的發聲，人們開始被改變，進而發現原來他們也有行動的決心。這個小團體開始邀集其他團體加入對話，改革變得不再遙不可及。

身為社群心理學家的我，開始積極運用我所有的知識去設計各種社會網絡，目的無非是要治癒和改變社群和社會體系。我看見這些小型對話圈逐漸成為人類新知的誕生地，它們所形成的網絡開始在世界各地出現，化身為集體意識，渴望全球人類都能得到公平正義，迎接永續的未來。我自己很清楚匯談圈和大型社會改革運動之間的關聯，多年來的默默耕耘，我終於和世界咖啡館的網絡不期而遇。從咖啡館對話裡，我看見了生命本身所傳授於我的清楚課題。

自從咖啡館在華妮塔和大衛家中的起居室誕生之後，我就看出了它的價值，於是開始積極投入，帶領它一步一步成長。我們決定定期找其他世界咖啡館的開路先鋒聚會，分享彼此的經驗和學習心得。911慘劇

就是在瑞典其中一場聚會召開前發生的。在悲痛、恐懼和困惑之餘，我們也不免質疑是否應該繼續下去。還好瑞典同事玻・蓋勒帕恩為我們作了決定，因為他說：「當然要做下去，如果你們不來，他們就贏了。」

我記得我們當時的集會目的，是要收成世界咖啡館全球各地開路先鋒的心得成果。但在那種氣氛下，「我們該如何坐下來好好談？」的這個問題反而在腦海中迴盪不已。在瑞典那場會議裡，整個團體都感受到同樣的急迫感。我們必須在所有學習心得做更多的琢磨，才能在這個紛擾的時代裡為和平盡一份力。

我們該如何坐下來好好談呢？我相信這個影響我一生抉擇的問題，現在已經成了我們能否確保人類這個物種以及我們的家園，也就是這個美麗的地球，能否繼續存活下去的重要關鍵。對我而言，它是其他所有問題背後的癥結點。如果我們可以對話，如果我們可以把事情攤出來講清楚，我們就可以找到在地球上共生共存的新方法。但是我們沒有，我們隔離自己，於是衝突四起，等到情況糟到不能再糟時，我們開始走向戰爭。屆時死亡將取代生命，如影隨形。

每當我看見大人們刻意切斷我們孩子和青草、樹木、鳥兒、想像力等生命的對話時，我就覺得難過不已。人們從不鼓勵「參與生命的對話」，但事實上，它是我們的本能之一，只有它才能掌握真正對話的精神，讓我們與各種形式的生命產生銜結。如果我們不能對「別人」敞開胸懷，那麼不管這個「別人」是採什麼樣的生命形式，我們都不可能有真正的對話。人們常常不知道該如何敞開胸懷，該如何向別人伸出友善的手。沒有寬大的心胸是不可能有真正的對話。我只想對所有從業者、新興領袖以及我們的孩子們說，生命本身就是一場對話──和他人對話、和大自然對話、和所有生命對話。

我們有機會選擇「生」，但前提是我們必須對話。

我們該如何坐下來好好談呢？當我們交談時，我們可以選擇在對話中進行毀滅性的謾罵，也可選擇有建設性的對話。我們可以選擇生命與結合，也可以選擇分離與瓦

解。我們有機會選擇「生」，但前提是我們必須對話。聆聽彼此，真正坐下來好好交談——這些都是有深度的社會心靈行動。人們以為交談不代表行動。這是錯的。對話就是一種深度的行動，可以幫助我們擴展意識，將分散的個體和人們重新結合起來。我想不出有什麼其他東西能像它這樣。它是我們人類邁向圓滿與完整的方法之一。

只有靠我們集體的力量，才能針對「我們要如何共同生存」這件事達成協議，而且一定坐下來一起談，才能辦到。我們需要好好審視眼前的窘況，反問自己「我們怎麼會做出這種事？」我們必須共同檢視那些因未能坐下來好好談而導致的結果。

> 只有靠我們集體的力量，才能針對「我們要如何共同生存」這件事達成協議，而且一定要坐下來一起談，才能辦到。

我曾經參與許多實驗，利用實驗來探索我們該如何坐下來好好談這個問題。世界咖啡館和其他匯談辦法是我們目前所知能從複雜問題裡頭找到集體智能的最好辦法。只要我們願意投入，成為生活對話中主動的參與者，就會有更高的機率「做出對的選擇」。所謂對的選擇是指尊重生命的選擇。生命本身一直在要求我們成為共同進化論者——為我們的共通命運負起責任——以便和大自然重新結合，重修舊好。若能下定決心真正投入，我相信這個決定是神聖的。對我而言，神聖的意思是它本身就具有價值，能為那個整體賦予意義。

這本書裡的所有故事全都匯集成為一個偉大故事，要人類學會彼此坦誠交談，彼此認真聆聽，專心地共同聽出我們之間所浮現的共識。世界咖啡館的故事在邀請我們搜尋問題，因為這些問題可以幫忙打開大門，共創未來，迎接全新的集體思維，找到新的共生共存方法。希望你也能在「有如咖啡館一樣的世界裡」找到一張屬於你自己的咖啡桌，於是你會知道，你已經和這個更大的整體接上了軌，你和它唇齒相依。你一定要相信你所參與的每一場誠懇對話，都可能能影響我們的共同未來。

我用了這麼長的答案來回答伊薩克2002年所問我的問題。我相信

你可以感受得到，作為世界咖啡館元老和精神守護者的我，真的是把這份工作當成一種神聖的任務，將生命本身看成一場對話。當我看見咖啡館的主持人用滿滿的愛心和關懷去擺設桌子，插上鮮花，認真找出最重要的關鍵問題，到門口迎接來賓時，我就覺得好慶幸，原來我們人類和這個世界的靈魂是受到尊重的。

　　我抱著感念先驅及祝福所有生命的心情來邀請你走進這扇通往未來的大門，從中找到你最美好的希望，也尊重未來下一代的希望，包括那些年輕的孩子和未出世的孩子。歡迎你！請找個位置和陌生人一起坐下。我要請你加入這些對生命有益的對話，也祝福你能皇天不負苦心人地共同找到我們能坐下來好好談的方法。

後記
集體創造力的點石成金

執筆人：彼得‧聖吉

彼得‧聖吉是麻省理工學院的資深講師，也是國際組織學習學會（簡稱SoL）的創辦主席，更是《第五項修練》（The Fifth Discipline）這本普受好評的著作作者，該書將匯談視作為組織學習的關鍵方法。在此，彼得將分享他十年來的世界咖啡館經驗，證明世界咖啡館對於集體創造力的獨特貢獻。

　　我這一生一直對集體創造力的謎團大惑不解。為什麼有時候就像魔法一樣，人們可以點石成金地共同創造出某種具有生命和力與美的東西？一支運動隊伍可以在瞬息之間攀上顛峰，對他們來說，比賽不再是比賽，而是成了他們詮釋運動美學的媒介（當然比賽還是繼續進行著）；交響樂團化身為美妙音樂；看不到任何個人主義的舞團演出；一名賽跑選手在終點線上擁抱她的「對手」，因為她知道她的成績之所以出色，是拜所有對手共同努力衝刺所賜。

　　這個問題一直很吸引我，也影響了我，但同時也讓我憂心不已。難道這種不斷出現的集體創作例子只見於運動場合或表演藝術嗎？莫非這也是為什麼在人類歷史中，只有歌唱、舞蹈、擊鼓、奔跑和跳躍可以不分文化種族地結合所有人等？然而在現代文化裡，這些活動並不算是主流。身為成年人的我們情願坐在觀眾席上觀賞這些活動，也不願親自下場。反觀我們自己的生活，總是脫離不了教書、管理、工程、教養子女、治療，以及面對日常生活中的各種壓力。我雖然也和許多人一樣認為集體創造力是可以從日常工作中去培養，但我仍不免擔心這種說法是否誇大其辭。儘管集體創造力的潛能是無可否認的，但卻看不到它的具體落實。

　　這也是世界咖啡館之所以吸引我的地方。咖啡館對話是我所見過最

能幫忙我們體驗集體創造力的一種方法。這本書裡頭的故事有翔實的說明，同時也勾起了我許多回憶，包括過去十年來，我和華妮塔在無數次集會場合中利用世界咖啡館所作的各種實驗——這些集會有大有小、或東方或西方，或南半球或北半球。

> 世界咖啡館不是一種技術，它只是在邀你和大家打成一片，而這本來就是人類的天性之一。

　　這些集會經驗總讓我不免嘖嘖稱奇，為什麼世界咖啡館式的匯談總能在輕鬆的氣氛下開始——人們為什麼可以不費吹灰之力地打開話匣子，全心投入對話？完全不像大部分的組織發展技術，需要有正式的開場指導。而這也意味一件事，世界咖啡館根本不是一種技術，它只是在邀你和大家打成一片，而這本來就是人類的天性之一。

　　此外，我也被咖啡館對話所呈現的力量和影響層面給深深感動。當一場為期三天，由十四名主管共襄盛舉的咖啡館匯談行將結束時，也是組織學習先鋒之一的艾瑞‧格斯（Arie de Geus）簡單說了一句話：「我一向對集體學習過程所擦撞出來的火花驚豔不已。」同樣地，我也對整個過程的流暢性和精簡性感到不可思議，包括它的應用範圍在內。我想不出來有什麼其他的共同思考流程可以像它一樣，既能用在主管的閉門會議、年度的企業預算規畫會議和千人集會上，也能用在社群集會裡，找一群互不相識的人來共同探討我們想為孩子們創造什麼環境。

　　世界咖啡館不只是可以讓我們體驗集體創造力，它也是一種有力的象徵，改變了我們對工作的一般認定，讓我們看清組織何以成功或失敗的真正原因，尤其因為組織也是集體創造力的運用媒介。如果我們也把合作共事的團隊——不管是正式或非正式團隊——都當成咖啡館裡的「咖啡桌對話」，那會改變什麼呢？要是我們把每個團隊的互動，想像成與會者在各桌次間的位置移動，透過對話網絡的參與，發揮彼此的影響力，那又會改變什麼呢？

　　順著這種想像的畫面，便不難勾勒出組織其實就是一種由人和「對話」群體所構成的生命網絡。它已經在我們之間發生。只不過它的發生

大多未能顯出它該有的力道。儘管人們確實在互動，在對話，但這些互動不見得有力，而這中間的差別也正是多數平庸組織和少數偉大組織之所以截然不同的原因。也因此證明了為什麼有些組織叱吒一時便急速隕落。總括一句話，組織裡的對話，究竟能不能產生創意的能量呢？

　　我相信這個答案和參與對話的人的個性或聰明才智無關，反而和對話裡的核心問題品質有關。如果咖啡館無法針對真正核心和有意義的問題展開對話，只會流於機械化的交談、移動和回報等作業流程。它不能產生能量，也無法帶動高潮，就像多數組織欲振乏力的情形一樣——因為大家討論的問題或議題，無法激不起眾人的興趣或想像力。

　　儘管如此，令人好奇的是為什麼這種情況鮮少發生在實際的咖啡館對話裡呢？可不可能只是因為如果把人們單獨留在一個「對」的環境裡，他們就會自然而然地被重要的問題給吸引？也許組織裡之所以很少見到真正的對話，是因為我們自以為組織不准我們去探索那些我們真正重視的事情，還是真的我們本來就不被允許去做這種事？不管阻力是來自內部或外部，其中的癥結已經很清楚。人生苦短，我們怎能把時間浪費在不重要的事情上——我們都很明白這一點。

　　生物學家馬圖拉納的理論，深深影響了很多人對溝通和人類社群的看法，他曾說：「歷史跟著我們的欲望而走。」當我第一次聽聞馬圖拉納的這個說法時，我有點一頭霧水。因為照我看來，包括近代史在內的絕大多數歷史，都不是跟著任何人的欲望而走。事實上，歷史的形成反倒像是人類行動作為下意外產生的各種副作用——天候的改變絕不是任何人想看到的結果；貧富之間的緊張情勢也非任何人所想見到的；局勢的日益動盪不安，更不是任何人想看見的結果。

　　我不斷深思他的話，這才明白其實馬圖拉納是要我們負起原本想逃避的責任。儘管人類集體行動下的結果不見得是我們當初追求的目標，但造成這些行動甚至後果的背後動機，正是我們欲望的一種表現。然而這些欲望太微不足道，太以自我為中心，它們零星散落，無法構成氣

候。總而言之，這些正在左右今天歷史的欲望稱不上是能為我們創造遠大未來的欲望。

　　我相信世界咖啡館的真正目的是要為一個更大的「完整體」釋放真正的欲望。難道我們希望這個世界可以展開真誠和有意義的對話，也算是一種異想天開嗎？何不開始著手進行你自己的咖啡館對話，而這個答案就留給你自己去發掘吧！

> 難道我們希望這個世界
> 可以展開真誠和有意義
> 的對話，也算是一種異
> 想天開嗎？

國家圖書館出版品預行編目資料

世界咖啡館：用對話找答案、體驗集體創造力,一本
帶動組織學習與個人成長的修練書 / 華妮塔.布朗
(Juanita Brown), 大衛.伊薩克(David Isaacs), 世界
咖啡館社群(World Café Community)著；高子梅譯.
-- 三版. -- 臺北市：臉譜, 城邦文化出版：家庭傳媒
城邦分公司發行, 2019.12
　　面；　　公分. -- (企畫叢書；FP2162Y)
譯自：The World Café : shaping our futures
through conversations that matter
ISBN 978-986-235-798-9(平裝)

1.知識社群 2.組織傳播

494.2　　　　　　　　　　　　　　108019181